植物生理学与分子生物学实验

ZHIWU SHENGLIXUE YU FENZI SHENGWUXUE SHIYAN

毕玉蓉　何文亮　王晓敏　主编

欧　洋　张泽勇　赵志光　张　睿　副主编

图书在版编目（CIP）数据

植物生理学与分子生物学实验 / 毕玉蓉, 何文亮, 王晓敏主编. -- 兰州 : 兰州大学出版社, 2024.5
ISBN 978-7-311-06651-2

Ⅰ. ①植… Ⅱ. ①毕… ②何… ③王… Ⅲ. ①植物生理学－高等学校－教材②植物学－分子生物学－实验－高等学校－教材 Ⅳ. ①Q945②Q946-33

中国国家版本馆CIP数据核字(2024)第042870号

责任编辑 米宝琴
封面设计 汪如祥

书　　名 植物生理学与分子生物学实验
作　　者 毕玉蓉　何文亮　王晓敏　主编
出版发行 兰州大学出版社 （地址:兰州市天水南路222号 730000）
电　　话 0931-8912613(总编办公室) 0931-8617156(营销中心)
网　　址 http://press.lzu.edu.cn
电子信箱 press@lzu.edu.cn
印　　刷 兰州人民印刷厂
开　　本 787 mm×1092 mm 1/16
印　　张 16(插页2)
字　　数 316千
版　　次 2024年5月第1版
印　　次 2024年5月第1次印刷
书　　号 ISBN 978-7-311-06651-2
定　　价 64.00元

前 言

植物生理学是高等院校生物学、林学、农学等相关专业的重要基础课程，是研究高等植物生命活动及其对环境响应的规律与机制，揭示植物生命现象本质的科学。党的二十大报告强调，全面推进乡村振兴必须全方位夯实粮食安全基础，确保粮食和重要农产品稳定安全供给，牢牢守住保障国家粮食安全底线，同时深入开展种源与种质等“卡脖子”技术攻关，加快农作物种质资源库建设，是保障国家粮食安全的紧迫任务。而植物生理学的研究对象与研究内容决定了其与农业生产实践是密不可分的，承担着解决粮食安全、绿色农业可持续发展及生态环境稳定等的重要历史责任与时代使命。

植物生理学实验课是植物生理学课程教学的重要组成部分，是植物生理学理论联系实际的重要环节之一，也是学习后继课程和进行科研工作的基础。掌握植物生理学的基本实验技术与原理对了解植物生长发育的规律与机理、解决粮食安全问题、生态环境的稳定与农业可持续发展至关重要。为适应植物生理学研究的现状与要求，满足国家对高层次生物科技人才培养的需求，我们不断调整本教材实验内容，更新及健全实验技术体系，以全方位与科研及农业生产实践接轨。

同时，为兼顾不同专业对植物生理学知识与实验技能的需求，充分考虑学生的学习能力与兴趣差异，本书在传统的验证性实验的基础上，全面补充了植物细胞生物学、分子生物学、遗传学等最新且常用的实验技术，内容涵盖水分生理、矿质营养、光合作用、呼吸作用、植物激素、光控发育、逆境生理、植物基因工程、蛋白互作等，可满足不同院校生物学、农学、林学等本科及研究生的需求。

立足百年未有之大变局，面对自然灾情、地缘冲突、政局动荡等复杂形势中通胀持续、食品短缺等现实难题，农业技术发展和科技创新在稳经济、促发展方面的作用更加凸显。为此，我们将引导学生学会用植物生理学的基本理论知识来分析和解决实际问题，提高其综合素养能力；形成对粮食安全、植物保护、生态环境稳定的重要性及农业资源可持续发展必要性的强烈意识，深化探索未知、追求真理、勇攀科学高峰的责任感和使命感，树立深厚的家国情怀和远大的理想抱负，培养国际化前沿视野、深化学术诚信和团队协作意识，全面提升学生的综合素质，以满足国家对高层次农业科技工作者的需求。

同时，本书在知识的系统性方面进行了合理的编排，层次清晰、概念准确、内容简练、方法实用，便于教学及科学研究。书中借鉴参考了国内一些优秀的教材与资料，在此表示衷心的感谢！本书的编写与出版由兰州大学教材建设基金资助，在此表示感谢！

由于编者水平有限，书中难免有不妥和遗漏之处，特别是近年来植物生理学实验技术日新月异的发展，使我们深感有必要不断充实本书内容，敬请广大读者批评指正，以便于后续修改。

目 录

一、水分生理

二、光合作用

三、植物呼吸代谢

四、植物激素

五、植物代谢

六、植物生长发育

七、植物逆境生理

八、植物分子生物学技术

一、水分生理

实验1　植物组织含水量的测定

一、实验原理

含水量是反映植物水分状况的重要指标。植物组织的含水量不但直接影响植物的生长、气孔状况、光合功能甚至作物产量，而且还对果蔬品质以及种子和粮食的安全贮藏具有至关重要的作用。植物组织含水量常以鲜质量或干质量来表示。在植物生理研究中，植物组织含水量常用相对含水量（或称饱和含水量）来表示，该指标更能反映植物的水分状况。

二、实验目的

（1）掌握植物组织含水量的测定方法；

（2）了解不同生境的相同植物、同一生境的不同植物及同一植物的不同器官相对含水量的差异；

（3）了解逆境对植物含水量的影响。

三、实验材料

（1）校园里不同生境的植物叶片；

（2）校园里同一植物的老叶、新叶、花瓣等；

（3）正常与胁迫处理的玉米或小麦幼苗叶片。

四、仪器设备

天平、烘箱、剪刀、烧杯、称量瓶等。

五、实验步骤

1.鲜质量含水量与绝对含水量的测定

称取0.5～1.0 g的植物组织（m_f），迅速剪成小块，放入已知重量的称量瓶中，先于105 ℃烘箱中，杀青30 min；然后于80 ℃烘干至恒重（m_d）。

2.相对含水量的测定

称取0.5～1.0 g的植物组织（m_f），将样品浸入蒸馏水中1～1.5 h，取出，用吸水纸吸干表面水分，称重；再将样品浸入蒸馏水中0.5 h，取出，擦干，称重，直至样品恒重，即得样品饱和鲜质量（m_t）；然后按照上一步方法烘干，称出干质量（m_d）。

六、结果计算

（1）鲜质量含水量=（$m_f - m_d$）$/m_f \times 100\%$。

（2）干质量含水量=（$m_f - m_d$）$/m_d \times 100\%$。

（3）相对含水量=（$m_f - m_d$）/（$m_t - m_d$）$\times 100\%$。

七、思考题

同一生境的草本植物和木本植物叶片的相对含水量有何差异，其生态学意义是什么？

实验2 植物组织水势的测定（小液流法）

一、实验原理

植物组织的水分状况也可以用水势（ψ_w）来表示。植物细胞之间、组织之间以及植物体与环境之间的水分移动方向都由ψ_w差决定。把植物细胞或组织放在外界溶液中，如果植物组织的ψ_w小于溶液的ψ_w，则组织吸水而使溶液浓度变大；反之，则植物细胞内水分外流而使溶液浓度变小；若植物组织的ψ_w与溶液的ψ_w相等，则二者水分保持动态平衡。

因此，若将植物组织分别放在一系列已知浓度的蔗糖溶液中，当找到某一浓度的蔗糖溶液与植物组织之间的水分保持动态平衡时，则可认为此植物组织的ψ_w等于该蔗糖溶液的ψ_w。因蔗糖溶液的浓度是已知的，可根据范德霍夫方程算出其渗透势（ψ_s），即为蔗糖溶液的ψ_w，进而可得到植物的ψ_w。

范德霍夫方程：$\psi_w=\psi_s=-iRTC$

蔗糖溶液的特点：不易透过细胞膜；黏滞度高，小液滴不易扩散。

二、实验目的

（1）掌握利用小液流法测定植物组织的ψ_w；

（2）了解不同生境、植物类型差异及不同器官等对ψ_w的影响。

三、仪器设备及试剂

1. 实验仪器

打孔器、试管、胶头滴管、镊子、7 mL离心管等。

2. 实验试剂

1 mol/L蔗糖溶液、亚甲基蓝。

四、实验材料

（1）校园里不同生境的植物叶片；

（2）校园里同一植物的老叶、新叶、花瓣等。

五、实验步骤

（1）将1 mol/L的蔗糖溶液分别稀释成0.05、0.1、0.2、0.3、0.4、0.5、0.6、0.7、0.8 mol/L的一系列蔗糖溶液，每种溶液配制20 mL。

（2）取27个干燥洁净的7 mL离心管，分别加入配好的上述稀释的蔗糖溶液约3 mL，每个浓度点3个平行；另取9个干燥洁净的10 mL小试管，将剩余的蔗糖溶液分别放入其中，做好标记。

（3）取新鲜的植物叶片，去除表面水分和灰尘，用打孔器打直径0.5 cm的叶圆片，注意避开大叶脉，并保存于培养皿中，盖好盖子，尽量避免水分的散失。

（4）每个7 mL离心管放入10～15片叶圆片，并使其完全浸没于蔗糖溶液中，放置10～15 min，为加速水分平衡，2～3 min摇动7 mL离心管一次。

（5）取出叶片，向7 mL离心管中加入少量的亚甲基蓝粉末，摇匀。

（6）用细胶头滴管吸取各7 mL离心管中蓝色的蔗糖溶液少许，将胶头滴管插入盛有对应浓度蔗糖溶液的试管中部，小心地放出少量液体，观察蓝色液滴的升降动向。为尽量减小误差，检测应由低浓度向高浓度方向进行。

（7）若蓝色液滴上升，说明此蔗糖溶液浓度变小（即植物组织失水），表明叶片组织的ψ_w高于该浓度糖溶液的ψ_w；若蓝色液滴下降，则说明叶片组织的ψ_w低于该糖溶液的ψ_w；若蓝色液滴静止不动，则说明叶片组织的ψ_w等于该糖溶液的ψ_w，此蔗糖溶液的浓度即为叶片组织的等渗浓度。

六、结果计算

将求得的等渗浓度值代入如下公式：

$$\psi_w = \psi_s = -iRTC$$

式中：ψ_s—— 溶液的渗透势（MPa）；

C——溶液浓度（mol/L）；

R —— 气体常数，R＝0.008314 MPa·L /(mol·K)；

T —— 绝对温度（K），$T=273+t$，t为实验时的室温（℃）；

i—— 解离系数（蔗糖＝1）。

七、思考题

（1）同一植物的不同器官、不同组织的ψ_w有何差异，总结其变化规律及意义。

（2）同一生境的草本植物和木本植物叶片ψ_w有何差异，其生态学意义是什么？

实验3 植物的溶液培养及缺素症观察

一、实验原理

植物正常的生长发育，除需要充足的阳光和水分外，还需要多种必需的矿质元素。确定某种矿质元素是否为植物必需的矿质元素，需要借助无土栽培法（即溶液培养法）。近年来，无土栽培不仅作为一种植物生理学的实验研究手段，而且已成为新的生产方式，在蔬菜、花卉、育秧等生产中广泛应用。

溶液培养中，可将植物必需的矿质元素按一定比例配成平衡溶液来培养植物，以保证植物的正常生长发育；但若缺少某一必需的元素，则会表现出特定的缺素症。因此，可根据植物必需元素的三个标准，判断该元素是否为植物必需的矿质元素。

二、实验目的

（1）学习溶液培养的技术；

（2）观察植物氮、磷、钾、钙、镁、铁等元素的缺素症；

（3）了解植物必需元素（氮、磷、钾、钙、镁、铁）的生理功能。

三、实验仪器与试剂

1. 实验仪器

光照培养箱、分析天平、培养缸（瓷质或塑料）、量筒、烧杯、相机等。

2. 实验药品

硝酸钾、硫酸镁、磷酸二氢钾、氯化钾、硫酸钠、磷酸二氢钠、硝酸钠、硝酸钙、氯化钙、硫酸亚铁、硼酸、碘化钾、硫酸锰、硫酸铜、硫酸锌、钼酸钠、氯化钴、乙二胺四乙酸二钠。

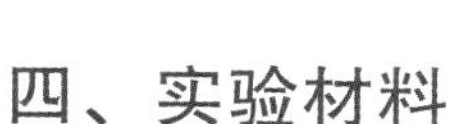

四、实验材料

7 d龄玉米和番茄幼苗。

五、实验步骤

（1）根据表1-1、1-2、1-3配制大量元素、微量元素与铁盐。

（2）根据表1-4配制缺素培养液。为避免产生沉淀，配制时先加800 mL蒸馏水，然后依次加入各储备液，调pH至5.8～6.0，最后定容至1000 mL。

（3）培养：选取大小一致的玉米植株，去掉胚乳，以切断其自身的营养来源，并把切口处用流水冲洗干净。然后用乳胶管及脱脂棉包裹茎部，固定于培养缸中，每孔一株，光照培养。

（4）观察：培养期间要经常搅动溶液，避免缺氧。每隔一周更换培养液，2～3周后观察现象，记录叶片颜色、株高、长度、根系发育状况等指标，并拍照。

（5）实验注意事项：①溶液培养中，必须保证所用试剂、水、容器等十分干净，否则会造成污染，进而影响实验结果的准确性。②本实验溶液培养中，应注意给根系通气。当氧供应不足时，会影响直根系对营养物质的吸收，严重时，根系会腐烂。③每周更换溶液一次，因为在培养过程中，溶液的成分和pH会不断发生变化，从而会影响根系对某些营养物质的吸收。④还应注意培养温度的合理控制，温度过高或过低均会影响植物的生长。

六、溶液配制

大量元素的配制见表1-1，微量元素的配制见表1-2，铁盐的配制见表1-3，完全与缺素培养液的配制见表1-4。

表1-1　大量元素的配制

储备液(100×)	单位(g/L)
KNO_3	51
$MgSO_4\cdot 7H_2O$	62
KH_2PO_4	27
KCl	36
NaH_2PO_4	24
$NaNO_3$	42
Na_2SO_4	36
$Ca(NO_3)_2$	82
$CaCl_2$	55.5

表 1–2　微量元素的配制

储备液(200 ×)	单位(g/L)
KI	0.166
H_3BO_3	1.24
$MnSO_4·4H_2O$	4.46
$ZnSO_4·7H_2O$	1.72
$Na_2MoO_4·2H_2O$	0.05
$CuSO_4·5H_2O$	0.005
$CoCl_2·6H_2O$	0.005

表 1–3　铁盐的配制

储备液(200 ×)	单位(g/L)
$FeSO_4·7H_2O$	5.56
$Na_2EDTA·2H_2O$	7.46

注意：$FeSO_4·7H_2O$ 与 $Na_2EDTA·2H_2O$ 要分别溶解后，再混到一起定容，否则溶解不了。

表 1–4　完全与缺素培养液的配制

母液种类	每 1000 mL 培养液中母液的吸取量(mL)						
	完全	缺 N	缺 P	缺 K	缺 Ca	缺 Mg	缺 Fe
KNO_3	10		10		10	10	10
$MgSO_4·7H_2O$	10	10	10	10	10		10
KH_2PO_4	10	10			10	10	10
KCl		10	4				
NaH_2PO_4				10			
$NaNO_3$				10	10		
Na_2SO_4						10	
$Ca(NO_3)_2$	10		10	10		10	10
$CaCl_2$		10					
微量元素储备液	5	5	5	5	5	5	5
铁盐储备液	5	5	5	5	5	5	

七、结果记录

将测量及观察结果记录在表1-5中，并做图、拍照。

表1-5　结果记录

指标	完全	缺N	缺P	缺K	缺Ca	缺Mg	缺Fe
整苗(cm)							
根(cm)							
茎(cm)							
叶(cm)							
叶色							
其他							

八、思考题

简述植物必需矿质元素氮、磷、钾、钙、镁、铁的典型缺素症状，分析其主要的影响因素与机制。

实验4　植物的单盐毒害及离子拮抗现象

一、实验原理

当我们用很纯的盐类配成单盐溶液，将植物培养在这种单盐溶液中，植物原生质的正常状态会被破坏，进而发生毒害作用。即便此盐是植物必需的营养元素，植物仍然会受到毒害甚至死亡。如果在单盐溶液中加入少量的其他盐类，则会消除或减弱单盐毒害的影响，我们把这种现象称为离子间的拮抗作用。

离子间拮抗现象的本质是相当复杂的，它可以反映不同离子对原生质亲水胶粒的稳定性和原生质膜的透性，以及酶活性调节等方面的相互作用及制约关系，从而稳定并维持机体的正常生理状态。

二、实验目的

（1）认识溶液培养中离子平衡的重要性；

（2）认识单盐毒害对植物生长的影响。

三、实验仪器与试剂

1. 实验仪器

培养瓶、量筒、分析天平、三角瓶、容量瓶、相机等。

2. 实验试剂

培养液1：0.12 mol/L KCl；

培养液2：0.06 mol/L $CaCl_2$；

培养液3：0.12 mol/L NaCl；

混合液1：0.12 mol/L KCl 100 mL+0.06 mol/L $CaCl_2$ 1 mL+0.12 mol/L NaCl 2.2 mL；

混合液2：0.12 mol/L KCl 2.2 mL+0.06 mol/L $CaCl_2$ 1 mL+0.12 mol/L NaCl 100 mL。

四、实验材料

5～7 d龄的小麦幼苗。

五、实验步骤

（1）实验前3～4 d选择饱满的小麦种子，1% NaClO消毒15 min，蒸馏水冲洗3次，吸胀4 h后，置于附有两层湿润纱布的白瓷盘中，室温下暗处萌发，待根长至1～2 cm时，进行后续实验。

（2）在培养瓶中分别加入以下培养液：0.12 mol/L KCl、0.06 mol/L $CaCl_2$、0.12 mol/L NaCl、混合液1、混合液2、平衡溶液（1/2 Hoagland营养液）。培养液量应大于培养瓶的2/3，实验重复三组。

（3）挑选大小相似且根系发育一致的小麦种子，每个培养瓶中种植6株，并使根系接触到溶液，室温下培育。注意：每周更换一次溶液。

（4）2周后观察实验结果，比较并记录各溶液中小麦苗的根数、根鲜质量、叶长、叶鲜质量。

（5）按表1-6观察、记录实验结果并拍照，绘图统计。

表1-6　结果记录

培养液	根数	总根质量(g)	最大叶长(cm)	总叶质量(g)
平衡溶液				
0.12 mol/L NaCl				
0.12 mol/L KCl				
0.06 mol/L $CaCl_2$				
混合液1(K多)				
混合液2(Na多)				

六、思考题

自然界中，有哪些现象属于单盐毒害的现象，其分子机理是什么？

实验5　植物叶片蒸腾强度的测定

一、实验原理

蒸腾作用是水分从活的植物体表面（主要是叶子）以水蒸气状态散失到大气中的过程，这与物理学的蒸发过程不同，蒸腾作用不仅受外界环境条件的影响，而且受植物本身的调节和控制，因此，它是一种复杂的生理过程。幼小的植物暴露在空气中的全部表面都能进行蒸腾作用，成熟的植物主要通过叶片进行蒸腾作用。

氯化钴纸在干燥时为蓝色，吸收水分后，变为粉红色，可根据变色所需时间的长短，按照钴纸标准吸水量计算植物蒸腾强度。

二、实验目的

（1）掌握植物蒸腾强度的测定方法；

（2）了解干旱环境对植物蒸腾强度的影响。

三、实验仪器与试剂

1. 实验仪器

天平、烘箱、干燥器、玻璃板、载玻片、有塞试管、弹簧、纸夹等。

2. 实验试剂

5% 氯化钴溶液：称取9.2 g $CoCl_2 \cdot 6H_2O$，用蒸馏水配成100 mL，再滴几滴盐酸调pH呈弱酸性。

四、实验材料

正常和干旱胁迫处理的小麦或玉米幼苗。

五、实验步骤与结果计算

1. 氯化钴纸的制备

将滤纸剪成宽0.8 cm、长20 cm的滤纸条，浸入5%氯化钴溶液中，浸透后取出，吸去多余溶液，然后平铺在干净的玻璃板上，置于60～80 ℃烘箱中烘干，选取颜色均一的钴纸条，将其切成0.8 cm^2的小块，再行烘干，最后储存于有塞试管中，放入氯化钙干燥器中备用。

2. 钴纸标准化

使用前，先将钴纸标准化，测出每一钴纸小方块由蓝色转变成粉红色需吸收的水量。取1～2块钴纸小方块称重，记下称重的时间，并每隔1 min记一次重量，当钴纸蓝色全部变为粉红色时，立即记下重量和时间，如此重复数次，计算出钴纸小方块由蓝色变为粉红色时平均吸收多少水分，以mg表示，作为钴纸吸水量。

3. 测定

取两片玻片、薄橡皮一块，在其中央开1 cm^2的小孔，用胶水将它固定在玻片当中，另外准备一支弹簧夹。

用镊子取出钴纸小块，放在橡皮小孔中，立即置于待测植物叶子背面（或正面），将另一玻片放在叶子的正面（或背面）的相应位置上，用夹子夹紧，同时记下时间，注意观察钴纸的颜色变化，待钴纸全部变为粉红色时，记下时间。以时间的长短做相对比较，可用钴纸小方块的标准吸水量与小纸块由蓝色变为粉红色所需的时间来计算出该叶片表面蒸腾的强度，单位用mg/cm^2·min表示。

本实验可选择校园里不同植物的功能叶，或同一植物的不同部位的叶片，测其蒸腾强度；或者可测定植物在不同环境条件下的蒸腾强度，例如光和暗对植物蒸腾作用的影响。每一处理最少要测10次左右，然后求其平均值。

六、思考题

列举植物蒸腾作用的主要方式，并举例说明目前测定植物蒸腾速率的方法有哪些？

实验6　植物氮素的吸收、同化及转运分析

实验6-1　硝酸根含量的测定

一、实验原理

硝酸根（NO_3^-）和铵根（NH_4^+）是植物的主要氮源。在强酸条件下，NO_3^-可与水杨酸反应，生成硝基水杨酸。生成的硝基水杨酸在碱性条件下（pH>12）呈黄色，在一定范围内，其颜色的深浅与含量成正比，可采用分光光度法测定。

二、实验目的

（1）掌握NO_3^-的测定方法；

（2）了解低氮环境下，植物NO_3^-吸收速率的变化。

三、实验仪器与试剂

1. 实验仪器

离心机、分光光度计、天平、水浴锅等。

2. 实验药品

水杨酸、浓硫酸、氢氧化钠、蒸馏水。

四、实验材料

正常生长和低氮胁迫处理的植物材料。

五、实验步骤

1.样品的测定

（1）称取不同处理的待测植物材料各0.3 g，用1.5 mL蒸馏水研磨，然后将匀浆

液倒入离心管中，于沸水浴中提取30 min。

（2）冷却后于13000 g[①]，离心15 min。

（3）吸取0.2 mL上清液，再加0.8 mL 5%水杨酸（用浓硫酸配制），混匀，室温放置20 min，加入19 mL 2 mol/L NaOH，待其冷却，测定410 nm波长外的吸光值。

（4）用0.5～5 μg /mL NO_3^-做标准曲线。

2.标准曲线的绘制

（1）取6支10 mL刻度试管，编号，按表1-7配制每管含量为0～10 μg的KNO_3标准液。加入表1-7中的试剂后，摇匀。室温下放置20 min后，每管再加入8.6 mL 2 mol/L NaOH溶液，摇匀，使显色液总体积为10 mL。然后以0号管为空白对照，在410 nm波长处测定吸光值。

表1-7　NO_3^-含量测定标准曲线的制备

试剂	管号					
	0	1	2	3	4	5
10 μg/mL NO_3^-－N标准母液(mL)	0.0	0.2	0.4	0.6	0.8	1.0
蒸馏水(mL)	1.0	0.8	0.6	0.4	0.2	0.0
5%水杨酸-硫酸溶液(mL)	0.4	0.4	0.4	0.4	0.4	0.4
每管NO_3^-－N含量(μg)	0.0	2.0	4.0	6.0	8.0	10

（2）标准曲线绘制：以1～5号管的NO_3^--N含量为横坐标，吸光值为纵坐标，绘制标准曲线。

六、结果计算

根据样品液所测得的吸光值，从标准曲线上查出NO_3^--N的含量，按下式计算样品中NO_3^--N含量。

$$\text{样品中}NO_3^--N\text{含量（μg/g）}=\frac{X\times\text{样品提取液总量(mL)}}{\text{样品鲜质量(g)}\times\text{测定时样品液用量(mL)}}$$

公式中：X代表标准曲线查得的NO_3^--N含量（μg）。

七、思考题

植物吸收的NO_3^-除了作为氮源，还具有什么样的生理意义？

①离心力（g）＝$1.11\times10^{-5}\times R$（转子半径）×$RPM^2$，后文同。

实验6-2 铵根含量的测定

一、实验原理

铵根（NH_4^+）是植物从土壤中获取的主要无机氮源之一。植物根系可以将吸收的NH_4^+同化进谷氨酰胺和谷氨酸，然后通过氨基转换作用同化进其他的氨基酸。α-氨基酸和水合茚三酮溶液一起加热，经氧化脱氨变成相应的α-酮酸，α-酮酸进一步脱羧变成醛，水合茚三酮被还原，在弱酸条件下，生成蓝紫色物质，蓝紫色的深浅可用分光光度法检测580 nm波长处的吸光值。

二、实验目的

（1）掌握NH_4^+的测定方法；

（2）了解低氮胁迫对植物体内NH_4^+水平及NO_3^-同化为NH_4^+速率的影响。

三、实验仪器与试剂

1. 实验仪器

分光光度计、漏斗、滤纸、容量瓶、试管、移液管、量筒、水浴锅等。

2. 实验药品

10%醋酸；1%抗坏血酸；0.2 mol/L醋酸缓冲液（pH＝5.4）：8.8 mL 0.2 mol/L醋酸，41.2 mL 0.2 mol/L醋酸钠溶液；水合茚三酮试剂：1.1 g茚三酮溶于15 mL正丙醇，然后加入30 mL正丁醇和60 mL乙二醇，混匀，再加入9 mL 0.2 mol/L醋酸缓冲液（pH＝5.4），4 ℃保存于棕色试剂瓶；丙氨酸；亮氨酸。

四、实验材料

正常生长和低氮胁迫处理的材料。

五、实验步骤

1.样品的测定

（1）称取待测植物材料0.3 g，放入研钵中，加入5 mL 10%的醋酸溶液研磨，匀浆液用双蒸水稀释至100 mL，滤纸过滤。

（2）吸取2 mL滤液到离心管中，加入3 mL水合茚三酮溶液、0.1 mL 1%的抗坏血酸溶液，摇匀，沸水浴15 min（对照管提取液用蒸馏水替代）。

（3）取出离心管，冷却15 min，再加入5 mL无水乙醇，混匀后测定580 nm波长处的吸光值。

（4）根据标准曲线计算NH_4^+的含量。

2.标准曲线的绘制

根据表1-8，吸取5 μg/mL丙氨酸或亮氨酸溶液，加蒸馏水至2 mL，对照加入2 mL蒸馏水，然后在每个试管中加入3 mL水合茚三酮试剂和0.1 mL 1%的抗坏血酸溶液，摇匀，沸水浴15 min，取出后冷却15 min，再加入5 mL无水乙醇，混匀后，测定580 nm波长处的吸光值，以NH_4^+浓度（μg/mL）为横坐标，吸光值为纵坐标绘制标准曲线。

表1-8　NH_4^+含量测定标准曲线的制备

试管号	1	2	3	4	5	6	7
丙氨酸或亮氨酸(mL)	0	0.2	0.4	0.8	1.2	1.6	1.8
铵根浓度(μg/mL)	0	0.5	1	2	3	4	5

六、结果计算

$$NH_4^+\text{浓度（100 g样品中所含毫克数）} = (0.1\times10\times C) \div (2\times m)$$

式中：C——比色液中NH_4^+浓度（μg/mL）；

10——比色液体积（mL）；

m——质量；

0.1——μg换算成mg，并折算成100 g物质中含量的换算关系。

七、思考题

简述植物同化NH_4^+的主要途径及可能的调控机制。

实验6-3 硝酸根吸收及转运活性的测定

一、实验原理

氮素是植物生长发育过程中必需的营养元素之一，是植物体内核酸、蛋白质、酶等物质的主要组成元素，它影响植物体的光合作用、呼吸作用、水分的吸收利用及内源激素的产生等各项生理代谢活动。在自然环境中，硝酸根（NO_3^-）是高等植物能直接吸收利用的最主要的氮源。植物根系吸收硝酸根后，这些被吸收的NO_3^-大部分以离子形态转运到地上部，然后被还原，但是其中也有少量的NO_3^-在植物根系中被还原。低氮胁迫下，植物获取氮源的能力往往与硝酸根（NO_3^-）的吸收活性和地下到地上的运输活性呈正相关。因此，植物对硝酸根（NO_3^-）的吸收活性和地下到地上的运输活性在一定程度上反映了植物的低氮耐受性。在低氮环境中，不同基因型的作物硝酸根（NO_3^-）的吸收活性和地下到地上的运输活性也不同，因此，也可作为分析植物耐低氮品种的生理指标之一。

^{15}N是氮的非放射性同位素，广泛用于植物的生物化学和生理学研究。因此，本实验利用^{15}N标记的$K^{15}NO_3^-$溶液处理植物幼苗，可以精确检测出植物地下及地上部分中$^{15}NO_3^-$的含量，从而计算出NO_3^-吸收活性和地下到地上的运输活性的大小。

二、实验目的

（1）掌握硝酸根（NO_3^-）吸收及转运活性的测定方法；

（2）了解低氮胁迫对硝酸根（NO_3^-）吸收及转运活性的影响及机制。

三、实验仪器与试剂

1. 实验仪器

材料培养箱、培养液、洗瓶、球磨仪、烘箱、200目筛子、气体稳定同位素质谱仪IRMS等。

2. 实验药品

$K^{15}NO_3$、硫酸钙（$CaSO_4$）、萌发液、生长液。

四、实验材料

正常生长和低氮胁迫处理的拟南芥。

五、实验步骤

1. 拟南芥的培养

拟南芥幼苗的培养采用水培方法。将1.5 mL棕色EP管盖子打孔，然后将含有0.7%琼脂的萌发液（表1-9、1-10）点在小孔上，待其凝固后备用。将4 ℃春化2 d的拟南芥种子点在凝固的萌发液上，然后将棕色EP管盖子放置于盛有萌发液（不含琼脂）的dorf管盒中，盖上dorf管盒盖子（保持湿度），将dorf管盒置于温室中（22 ℃±2 ℃、光暗周期为14 h/10 h、光照强度为100～120 μmol/m^2·s）。每5 d更换一次萌发液，培养10 d后换成生长液培养（表1-11、1-12），并去掉dorf管盒盖子。

表1-9　萌发液大量元素

大量元素储备液	2 L萌发液所需体积
1 mol/L $CaCl_2$	1.5 mL
1 mol/L KCl	2 mL
1 mol/L $Ca(NO_3)_2·4H_2O$	0.5 mL
1 mol/L $MgSO_4·7H_2O$	2 mL
1 mol/L KH_2PO_4	0.8 mL

表1-10　萌发液微量元素

微量元素储备液	2 L萌发液所需体积
50 mmol/L NaFe(Ⅲ)EDTA	2 mL
5 mmol/L H_3BO_4	0.2 mL
5 mmol/L $MnCl_2·4H_2O$	0.2 mL
5 mmol/L $ZnSO_4·7H_2O$	0.2 mL
5 mmol/L $CuSO_4·5H_2O$	0.2 mL
5 mmol/L Na_2MoO_4	0.2 mL

注：用KOH或HCl将pH调到5.5。

表1-11　生长液大量元素

大量元素储备液	2 L生长液加入量
1 mol/L $CaCl_2$	0.2 mL
1 mol/L KCl	4 mL
1 mol/L $Ca(NO_3)_2·4H_2O$	4 mL
1 mol/L $MgSO_4·7H_2O$	4 mL
1 mol/L KH_2PO_4	2.4 mL
1 mol/L NH_4NO_3	4 mL
1 mol/L KNO_3	6 mL
1 mol/L NaCl	3 mL

表1-12　生长液微量元素

微量元素储备液	2 L生长液加入量
50 mmol/L NaFe(Ⅲ)EDTA	2 mL
5 mmol/L H_3BO_4	0.2 mL
5 mmol/L $MnCl_2·4H_2O$	0.2 mL
5 mmol/L $ZnSO_4·7H_2O$	0.2 mL
5 mmol/L $CuSO_4·5H_2O$	0.2 mL

注：用KOH或HCl将pH调到5.6。

2. 低氮处理

去除生长液中的NH_4NO_3和KNO_3，然后补充KNO_3至1 mmol/L，用KCl补充缺少的K^+，作为低氮(1N)培养基。

硝酸根（NO_3^-）吸收与转运活性的测定：选取14 d大的植株于正常条件或低氮（1N）条件继续生长10 d，然后完全缺氮（氮饥饿）处理24 h，再给它们分别供应9 mmol/L $K^{15}NO_3$（Sigma-Aldrich 57654-83-8）、1 mmol/L $K^{15}NO_3$，处理6 h（不同的材料依据标记物丰度不同，处理时间也有所不同）。

将处理后的材料取出并用0.1 mmol/L $CaSO_4$洗根部5次，用滤纸吸干水分。

取植物的地上部分和根部置于EP管中，并在105 ℃烘箱中杀青40 min，然后在65 ℃烘箱中烘干，精确称取质量。

将烘干的材料用球磨仪研磨均匀，过200目的筛子，称取1.5 mg在气体稳定同位素质谱仪IRMS中进行测定。

六、结果计算

根据气体稳定同位素质谱仪IRMS中的测定结果，按以下公式进行计算。

（1）$^{15}N\%$＝（AT%$^{15}N/^{14}N$×15）/［AT%$^{15}N/^{14}N$×15+（100AT%$^{15}N/^{14}N$）×14］。

（2）^{15}N含量（mmol/L·g）＝（N%×$^{15}N\%$×1000）/15。

（3）硝酸根（NO_3^-）吸收活性＝（地上部分^{15}N含量＋地下部分^{15}N含量）/（地下部分干质量×时间）。

（4）硝酸根（NO_3^-）地下到地上的运输活性＝地上部分^{15}N含量/地下部分^{15}N含量。

七、思考题

简述植物吸收及转运NO_3^-的载体种类及发挥功能的主要部位。

实验6-4　硝酸还原酶活性的测定

一、实验原理

硝酸还原酶（nitrate reductase，NR）是植物氮素同化的关键酶，它催化植物体内的硝酸盐还原为亚硝酸盐，属于底物诱导酶。

NR催化产生的亚硝酸盐可与磺胺和盐酸萘乙二胺在酸性条件下定量生成红色偶氮化合物。生成的红色偶氮化合物在540 nm波长下有最大吸收峰，可用分光光度法进行测定。NR活性可由产生的亚硝态氮的量表示，一般以μg/g·h为单位。

二、实验目的

（1）掌握NR活性的测定方法；

（2）了解低氮胁迫对NR活性的影响及机制。

三、实验仪器与试剂

1. 实验仪器

分光光度计、研钵、容量瓶、试管、移液管、水浴锅等。

2. 实验药品

提取液：100 mmol/L Hepes-KOH（pH7.5）、1 mmol/L EDTA、7 mmol/L半胱氨酸、3%聚乙烯吡咯烷酮（PVP）。

反应液：50 mmol/L Hepes-KOH（pH7.5）、100 μmol/L NADH、5 mmol/L KNO_3、2 mmol/L EDTA、30%三氯乙酸、1%磺胺、0.02%盐酸萘乙二胺。

四、实验材料

正常生长的植物材料和经过低氮胁迫处理的材料。

五、实验步骤

1.样品的测定

（1）称取经不同处理的待测植物材料各0.3 g，用2 mL提取液研磨，将匀浆液于1000 *g*、4 ℃离心10 min。

（2）吸取0.45 mL上清液于另一离心管中，加入1.95 mL反应液。摇匀后，将反应混合液分成两等份。

（3）一份加入300 μL 30%三氯乙酸，使NR失活，作为阴性对照。

（4）另一份于暗处25 ℃水浴30 min，加入300 μL 30%三氯乙酸，终止反应。

（5）加入1.2 mL 1%磺胺，然后再加入1.2 mL 0.02%盐酸萘乙二胺，静置20 min后，测定540 nm波长处的吸光值。

2.标准曲线的绘制

以1～6号管亚硝态氮含量（μg）为横坐标，吸光值为纵坐标绘制标准曲线。

表1-13 NR活性测定标准曲线的制备

试剂	管号						
	0	1	2	3	4	5	6
1.0 μg/mL亚硝态氮母液(mL)	0.0	0.2	0.4	0.8	1.2	1.6	2.0
蒸馏水(mL)	2.0	1.8	1.6	1.2	0.8	0.4	0.0
1%萘胺(mL)	1.0	1.0	1.0	1.0	1.0	1.0	1.0
0.02%萘基乙烯胺	1.0	1.0	1.0	1.0	1.0	1.0	1.0
每管亚硝态氮含量(μg)	0.0	0.2	0.4	0.8	1.2	1.6	2.0

六、结果计算

根据样品所测得的吸光值，从标准曲线上查出反应液中的亚硝态氮含量，按如下公式计算样品中的酶活性：

$$\text{样品中的酶活性}\ (\mu g/g\cdot h) = \frac{\frac{X(\mu g)}{V_2(mL)} \times V_1(mL)}{\text{样品鲜质量}(g) \times \text{酶反应时间}(h)}$$

公式中：X——从标准曲线查出的反应液中亚硝态氮总量（μg）；

V_1——提取酶时加入的缓冲液体积（mL）；

V_2——酶反应时加入的酶液体积（mL）。

七、思考题

植物NR如何响应低氮胁迫，其中的信号转导机制是什么？

实验6-5　亚硝酸还原酶活性的测定

一、实验原理

亚硝酸还原酶（nitrite reductase，NIR）是氮循环过程中的关键酶之一，可催化亚硝酸盐还原为NH_3或NO，从而减少环境中的亚硝态氮的积累。

NIR可将NO_2^-还原为NO，使样品中参与重氮化反应生成紫红色化合物的NO_2^-减少，即540 nm波长处吸光值的变化可反映NIR的活性。

二、实验目的

（1）掌握NIR活性的测定方法；

（2）了解低氮胁迫对NIR活性的影响及机制。

三、实验仪器与试剂

1. 实验仪器

分光光度计、研钵、容量瓶、试管、移液管、水浴锅等。

2. 实验药品

提取液：100 mmol/L Hepes-KOH（pH7.5）、1 mmol/L EDTA、7 mmol/L半胱氨酸、3%聚乙烯吡咯烷酮（PVP）。

反应液：50 mmol/L Hepes-KOH（pH7.5）、100 μmol/L NADH、5 mmol/L KNO_3、2 mmol/L EDTA、30%三氯乙酸、1%磺胺、0.05%盐酸萘乙二胺。

四、实验材料

正常生长的植物材料和经过低氮胁迫处理的材料。

五、实验步骤

1.样品的测定

（1）称取经不同处理的待测植物材料各0.3 g，用3.8 mL提取液研磨，然后将匀浆液倒入离心管中，于13000 *g*、4 ℃离心15 min。

（2）吸取100 μL上清液于另一离心管中，加入1.4 mL100 mmol/L磷酸缓冲液(pH 8.8)，加100 μL KNO_3，加100 μL甲基紫腈，再加100 μL双蒸水，加200 μL连

二亚硫酸钠。

（3）混匀后，30 ℃温浴30 min。

（4）吸取200 μL的反应液，加2 mL 双蒸水，涡旋振荡。

（5）加入1 mL1% 磺胺，再加入1 mL 0.05% 盐酸萘乙二胺，溶液显色后，测定540 nm波长处的吸光值。

2.标准曲线的绘制

以1～6号管亚硝酸钾含量（μg）为横坐标，吸光值为纵坐标绘制标准曲线。

表1–14　NIR活性测定标准曲线的制备

试剂	管号						
	0	1	2	3	4	5	6
1 μg/mL亚硝态氮母液(mL)	0.0	0.2	0.4	0.8	1.2	1.6	2.0
蒸馏水(mL)	2.0	1.8	1.6	1.2	0.8	0.4	0.0
1%磺胺(mL)	1.0	1.0	1.0	1.0	1.0	1.0	1.0
0.02%萘基乙烯胺	1.0	1.0	1.0	1.0	1.0	1.0	1.0
每管亚硝态氮含量(μg)	0.0	0.2	0.4	0.8	1.2	1.6	2.0

六、结果计算

根据样品所测得的吸光值，从标准曲线上查出反应液中亚硝态氮含量，按如下公式计算样品中的酶活性：

$$\text{样品中的酶活性（μg/g·h）}=\frac{\dfrac{X(\mu g)}{V_2(mL)}\times V_1(mL)}{\text{样品鲜质量}(g)\times\text{酶反应时间}(h)}$$

公式中：X ——从标准曲线查出的反应液中亚硝态氮总量（μg）；

V_1 —— 提取酶时加入的缓冲液体积（mL）；

V_2 —— 酶反应时加入的酶液体积（mL）。

七、思考题

低氮胁迫下，植物NIR与NR的响应模式是否一样，其机制是什么？

实验6-6　谷氨酸合成酶活性的测定

一、实验原理

谷氨酸合成酶（glutamate synthase，GOGAT）分布于植物中，和谷氨酰胺合成酶（glutamine synthetase，GS）共同构成GS-GOGAT循环，参与氨同化的调控。

GOGAT催化谷氨酰胺的氨基转移到α-酮戊二酸，形成两分子的谷氨酸；同时NADH被氧化生成NAD^+，340 nm波长处吸光值的下降速率可以反映GOGAT活性大小。

二、实验目的

（1）掌握GOGAT活性的测定方法；

（2）了解低氮胁迫对GOGAT活性的影响及机制。

三、实验仪器与试剂

1. 实验仪器

分光光度计、研钵、容量瓶、试管、移液管、水浴锅等。

2. 实验药品

提取液：100 mmol/L Tris-HCl（pH7.6）、10 mmol/L $MgCl_2$、10 mmol/L EDTA、10 mmol/L β-巯基乙醇。

反应液：25 mmol/L Tris-HCl（pH7.6）、10 mmol/L KCl、100 mmol/L α-酮戊二酸、3 mmol/L NADH、20 mmol/L谷氨酰胺。

四、实验材料

正常生长的植物材料和经过低氮胁迫处理的材料。

五、实验步骤

样品的测定

（1）称取不同处理的待测植物材料各0.3 g，用2 mL提取液研磨，然后将匀浆液倒入离心管中，于12000 *g*、4 ℃离心20 min，吸取上清液于新的离心管中。

（2）按照如下顺序，混匀以下溶液后进行酶活性测定。

对照组：900 μL测定液、100 μL NADH、400 μL提取液、300 μL谷氨酰胺。
样品组：900 μL测定液、100 μL NADH、400 μL粗酶液、300 μL谷氨酰胺。
注意：一定要按顺序加，加完之后颠倒混匀。
（3）测定3 min之内340 nm波长处吸光值的变化，每30 s读一次数据。

六、结果计算

$$\text{GOGAT活性}=\frac{A\times V_t}{V_s\times m_f}$$

式中：A——吸光值斜率；
V_s——加样体积；
V_t——研磨体积；
m_f——材料鲜质量。

七、思考题

植物GOGAT如何响应低氮胁迫，其中的信号转导机制是什么？

实验6-7 谷氨酰胺合成酶活性的测定

一、实验原理

谷氨酰胺合成酶（glutamine synthetase，GS）是植物体内氨同化的关键酶之一，在ATP和Mg^{2+}存在下，它催化植物体内谷氨酸形成谷氨酰胺。

在反应体系中，谷氨酰胺转化为γ-谷氨酰基异羟肟酸，在酸性条件下与铁形成红色的络合物，该络合物在540 nm波长处有最大吸收峰，可用分光光度计测定。GS活性可用产生的γ-谷氨酰基异羟肟酸与铁络合物的生成量来表示。

二、实验目的

（1）掌握GS活性的测定方法；

（2）了解低氮胁迫对GS活性的影响及机制。

三、实验仪器与试剂

1. 实验仪器

分光光度计、研钵、容量瓶、试管、移液管、水浴锅等。

2. 实验药品

提取液：50 mmol/L Tris-HCl（pH8.0）、2 mmol/L $MgSO_4$、2 mmol/L DTT、400 mmol/L 蔗糖。

反应混合液：100 mmol/L Tris-HCl（pH7.4）、2 mmol/L EDTA、80 mmol/L $MgSO_4$、20 mmol/L谷氨酸钠、20 mmol/L半胱氨酸、80 mmol/L盐酸羟胺。

显色剂：200 mmol/L TCA、370 mmol/L $FeCl_3$、600 mmol/L HCl。

四、实验材料

正常生长的植物材料和经过低氮胁迫处理的材料。

五、实验步骤

样品的测定

（1）称取不同处理的待测植物材料各0.3 g，用2 mL提取液研磨，将匀浆液于13000 *g*、4 ℃离心20 min，吸取上清液于新的离心管中。

（2）取350 μL上清液，加入800 μL反应混合液和50 μL 40 mmol/L ATP，于37 ℃水浴30 min。

（3）反应后加入500 μL显色剂，混合均匀，7000 *g*离心10 min。

（4）取上清液，测定540 nm波长处的吸光值。

六、结果计算

$$\text{GS活性}=\frac{A\times V_t}{V_s\times m_f}$$

式中：A——吸光值斜率；

V_s——加样体积；

V_t——研磨体积；

m_f——材料鲜质量。

七、思考题

低氮胁迫下，植物GS与GOGAT的响应模式是否相似，其分子机制是什么？

实验6-8 天冬酰胺合成酶活性的测定

一、实验原理

天冬酰胺合成酶（asparagine synthetase，ASN）是广泛存在于生物体内的一类由小基因家族所编码的氨基转移酶，以氨或谷氨酰胺及天冬氨酸为底物催化天冬酰胺的生物合成。天冬酰胺是植物氮转运的主要形式，因此，ASN在植物的氮代谢和氨基酸的转运中起着至关重要的作用。

二、实验目的

（1）掌握ASN活性的测定方法；

（2）了解低氮胁迫对ASN活性的影响及机制。

三、实验仪器与试剂

1. 实验仪器

分光光度计、研钵、容量瓶、试管、移液管、水浴锅等。

2. 实验药品

75 mmol/L KH_2PO_4（pH7.5）、0.5 mmol/L β-巯基乙醇、0.03% Triton-X100、0.1 mol/L硼酸缓冲液、0.4 mol/L天冬酰胺、15% 三氯乙酸。

奈氏试剂的配制：将10 g碘化汞和7 g碘化钾溶于10 mL水中，另将24.4 g氢氧化钾溶于内有70 mL水的100 mL容量瓶中，并冷却至室温。将上述碘化汞和碘化钾溶液慢慢注入容量瓶中，边加边摇动。加水至刻度，摇匀，放置2 d后使用。试剂应保存在棕色玻璃瓶中，置于暗处。

四、实验材料

正常生长的植物材料和经过低氮胁迫处理的材料。

五、实验步骤

样品的测定

（1）称取不同处理的待测植物材料各0.3 g，用2 mL KH_2PO_4提取液研磨，然后将匀浆液倒入离心管中，于9000 *g*、4 ℃离心10 min。

（2）吸取0.5 mL硼酸缓冲液于另一离心管中，加入1 mL天冬酰胺。摇匀后，37 ℃恒温平衡后，加入0.5 mL粗酶液，37 ℃水浴反应30 min。

（3）反应完成后，加入0.5 mL 15% 三氯乙酸终止反应，4000 *g*、4 ℃离心15 min。

（4）取1 mL上清液，然后再加入1 mL奈氏试剂，反应20 min后，测定550 nm波长处的吸光值。

六、结果计算

$$\text{ASN活性}=\frac{A \times V_t}{V_s \times m_f}$$

式中：A——吸光值斜率；

V_s——加样体积；

V_t——研磨体积；

m_f——材料鲜质量。

七、思考题

简述植物ASN活性与氨基酸代谢及蛋白水平的关系及可能的作用机制？

实验6-9 谷氨酸脱氢酶活性的测定

一、实验原理

谷氨酸脱氢酶（glutamate dehydrogenase，GDH）广泛分布于植物中，和谷氨酸合成酶（GOGAT）共同参与谷氨酸的合成，在氨同化和转化成有机氮化合物的代谢中起重要作用。

GDH催化NH_4^+、α-酮戊二酸和NADH生成谷氨酸和NAD^+。通过测定340 nm波长处吸光值的下降速率，可计算GDH活性。

二、实验目的

（1）掌握GDH活性的测定方法；

（2）了解低氮胁迫对GDH活性的影响及机制。

三、实验仪器与试剂

1. 实验仪器

分光光度计、研钵、容量瓶、试管、移液管、水浴锅等。

2. 实验药品

提取液：100 mmol/L Tris-HCl（pH7.6）、10 mmol/L $MgCl_2$、10 mmol/L EDTA、10 mmol/L β-巯基乙醇。

反应液：115.4 mmol/L Tris-HCl（pH8.0）、23.1 mmol/L NH_4Cl、23.1 mmol/L α-酮戊二酸、30 mmol/L $CaCl_2$。

四、实验材料

正常生长的植物材料和经过低氮胁迫处理的材料。

五、实验步骤

样品的测定

（1）称取不同处理的待测植物材料各0.3 g，用2 mL提取液研磨，将匀浆液于12000 *g*、4 ℃离心20 min，吸取上清液于新的离心管中。

（2）按照如下顺序，混匀以下溶液后进行酶活性测定。

对照组：900 μL反应液、100 μL $CaCl_2$、100 μL NADH、400 μL提取液。

样品组：900 μL反应液、100 μL $CaCl_2$、100 μL NADH、400 μL粗酶液。

注意：一定要按顺序加，加完之后颠倒混匀。

（3）测定3 min之内的340 nm波长处吸光值的变化，每30 s读一次数据。

六、结果计算

$$\text{GDH活性}=\frac{A \times V_t}{V_s \times m_f}$$

式中：A——吸光值斜率；

V_s——加样体积；

V_t——研磨体积；

m_f——材料鲜质量。

七、思考题

植物GDH活性与氮的吸收、转运及同化效率的关系是什么？

二、光合作用

实验1　K^+对气孔开闭状态的影响

一、实验原理

保卫细胞的渗透压主要由K^+、苹果酸根离子、Cl^-等调节，光合磷酸化、氧化磷酸化可形成ATP，供给保卫细胞质膜上的H^+-ATPase，泵出H^+，形成跨膜的质子电化学势梯度，引起膜的超极化现象，最终激活内流型K^+和Cl^-通道，使保卫细胞K^+和Cl^-浓度升高，降低保卫细胞的渗透势，使保卫细胞从周围吸水，膨压增加，从而使气孔张开。

二、实验目的

（1）掌握气孔开度的简单测定方法；

（2）了解气孔开张的分子机制。

三、实验仪器与试剂

1. 实验仪器

光照培养箱、显微镜、镊子、载玻片、盖玻片、培养皿等。

2. 实验药品

硝酸钾、硝酸钠。

四、实验材料

蚕豆叶片。

五、实验步骤

（1）配制0.5% KNO_3及0.5% $NaNO_3$溶液。

（2）在3个培养皿中分别放0.5% KNO_3、0.5% $NaNO_3$和蒸馏水各15 mL。

（3）撕蚕豆叶表皮若干放入上述3个培养皿中。

（4）将培养皿放入25 ℃温箱中，使溶液温度达到25 ℃。

（5）将培养皿置于人工光照条件下照光0.5 h。

（6）分别在显微镜下观察气孔的开度。

六、思考题

了解有哪些指标可反映气孔的开张特性，其测定方法分别是什么？

实验2 叶绿体色素的提取、分离、定量及理化性质的鉴定

一、实验原理

叶绿体色素是植物吸收太阳光能进行光合作用的重要物质，主要由叶绿素a、叶绿素b、β-胡萝卜素和叶黄素组成（图2-1）。根据它们在有机溶剂中的溶解特性，可用有机溶剂（丙酮或乙醇）将它们从叶片中提取出来；并可根据它们在不同有机溶剂中的溶解度不同，以及在吸附剂上的吸附能力不同，将它们彼此分开。

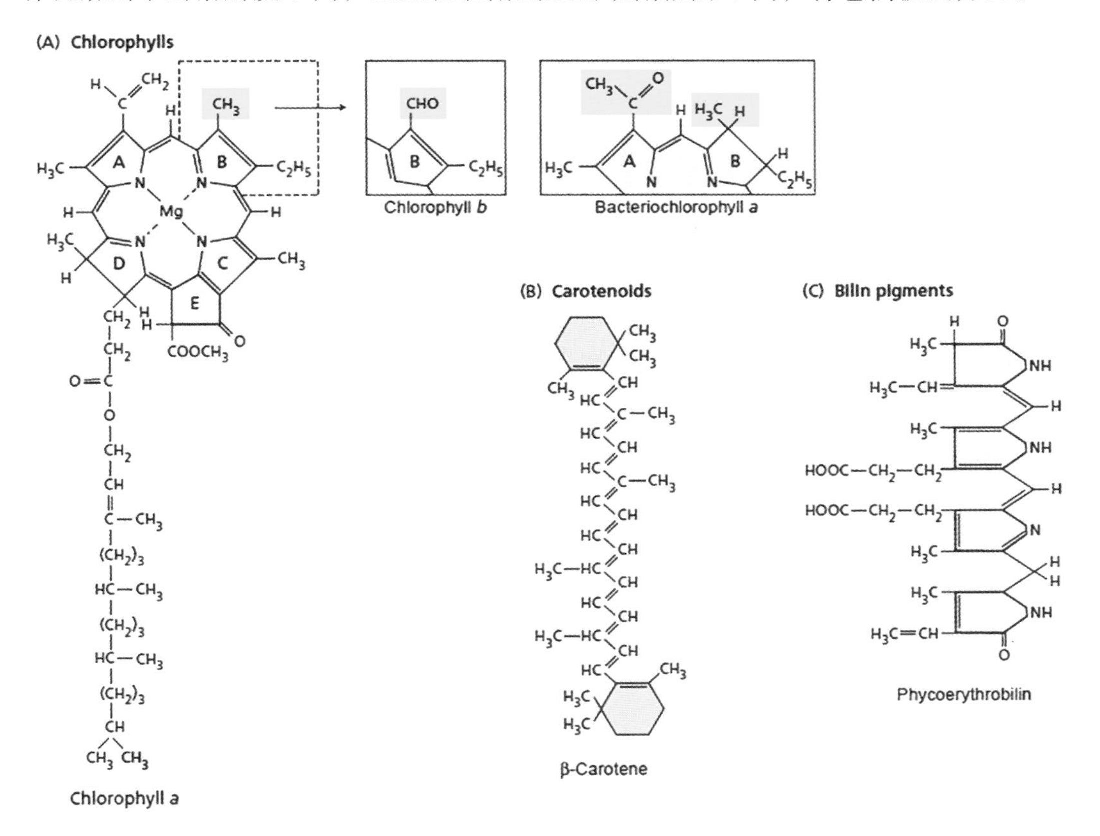

图2-1 叶绿体色素结构[1]

荧光反应和光破坏现象：色素分子吸收光后会变为激发态，如果能量不能及时被光合作用所利用，激发态的叶绿素分子将由激发态回到基态，此时发出暗红色荧光，即荧光现象（图2-2）；而且叶绿素的化学性质很不稳定，容易受强光的破坏，特别是叶绿素与蛋白质分离后，破坏更快。

取代反应：叶绿素分子中卟啉环上的Mg处于不稳定的状态，可被H^+、Cu^{2+}、Zn^{2+}取代。叶绿素中的Mg^{2+}被H^+取代后生成褐色的去镁叶绿素，加入铜盐（醋酸铜）并加热后，黄褐色的去镁叶绿素则成为绿色的铜代叶绿素，铜代叶绿素很稳定，在光下不易被破坏，故常用此法制作绿色植物的浸渍标本。

皂化反应：叶绿素是双羧酸的酯，能与碱起皂化反应而形成醇（甲醇和叶绿醇）和叶绿酸的盐，产生的盐能溶于水，此法可用来分开叶绿素与类胡萝卜素。

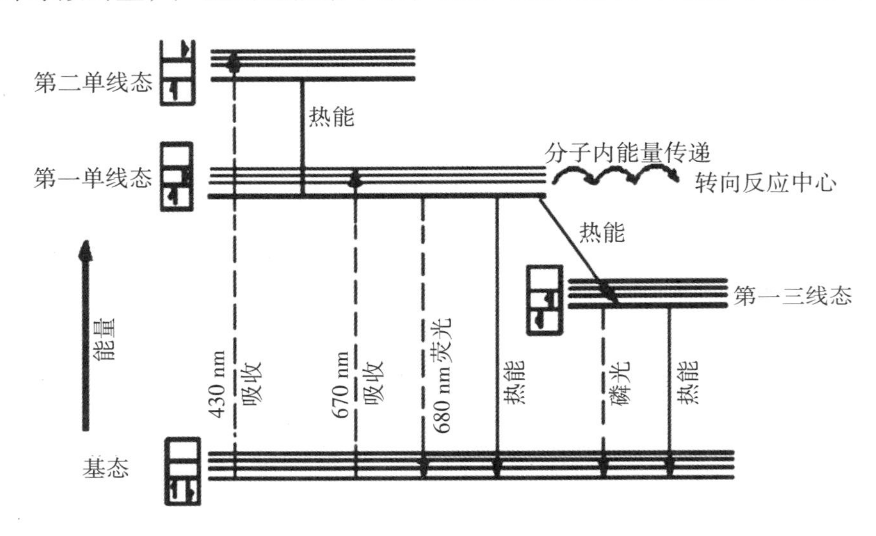

图2-2 叶绿素对光能的吸收与能量转变示意图[1]

二、实验目的

（1）掌握提取和分离叶绿体色素的方法；

（2）掌握测定叶绿体色素含量的方法；

（3）熟悉叶绿体色素的理化性质及吸光特性。

三、实验仪器与试剂

1. 实验仪器

离心机、分光光度计、分析天平、研钵、分液漏斗、三角瓶、培养皿、毛细管、酒精灯、试管夹、滤纸、漏斗等。

2. 实验药品

乙醇、碳酸钙、石英砂、四氯化碳、甲醇、盐酸、石油醚、醋酸铜、氢氧化钾。

四、实验材料

菠菜叶片。

五、实验步骤

1. 叶绿体色素的提取、定量

（1）称取新鲜菠菜叶片3.0 g，洗净，擦干，放入研钵中，加5.0 mL 95% 乙醇和少许碳酸钙和石英砂，研磨成匀浆（图2–3）。

（2）再加入5.0 mL95% 乙醇，并搅拌均匀，用滤纸过滤（图2–3），即为色素提取液，放于暗处备用。注意：由于95% 乙醇易挥发，最后定容至10 mL。

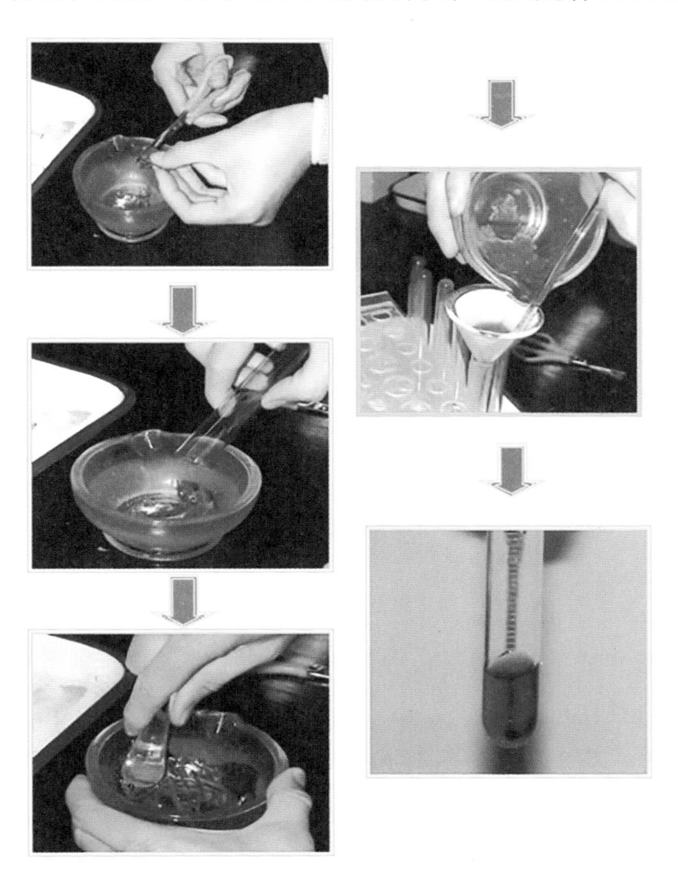

图2–3　叶绿体色素的提取步骤

（3）取0.1 mL色素提取液，用95%乙醇稀释到3.0 mL，测定470、663、645 nm波长处的吸光值，根据公式计算叶绿素a、叶绿素b、类胡萝卜素的含量。

Chla（μg/mL）$= 12.7\,A_{663} - 2.69A_{645}$

Chlb（μg/mL）$= 22.9\,A_{645} - 4.68\,A_{663}$

Chla+b（μg/mL）$= 8.02\,A_{663} + 20.2\,A_{645}$

Cx+c（μg/mL）$=$（$1000\,A_{470} - 1.82$ Chla$-$85.02 Chlb)/198

Chla，Chlb，Cx+c分别表示叶绿素a，b，类胡萝卜素；计算结果最终用μg/g表示。

2.叶绿体色素的分离与吸收光谱的测定

（1）取圆形定性滤纸一张，用毛细管吸取色素提取液点在圆形滤纸中心，迅速使其风干（色素扩散宽度应限制在0.5 cm以内），为保证色素条带扩展清晰，需多点几次样（20～30次）。

（2）用大头针在滤纸的色素环中心戳一小孔，将一纸捻插入小孔中。

（3）培养皿中加入适量的四氯化碳，把带有纸捻的圆形滤纸平放在培养皿上，使纸捻下端浸入推动剂中。迅速盖好培养皿。此时，推动剂借毛细管引力顺纸捻扩散至圆形滤纸上，并把叶绿体色素向四周推动，不久即可看到各种色素的同心圆环，用铅笔标出各种色素的位置和名称（图2-4）（注意：所用培养皿的底与盖的直径应相同，且应略小于滤纸直径，以便可将滤纸架在培养皿上）。

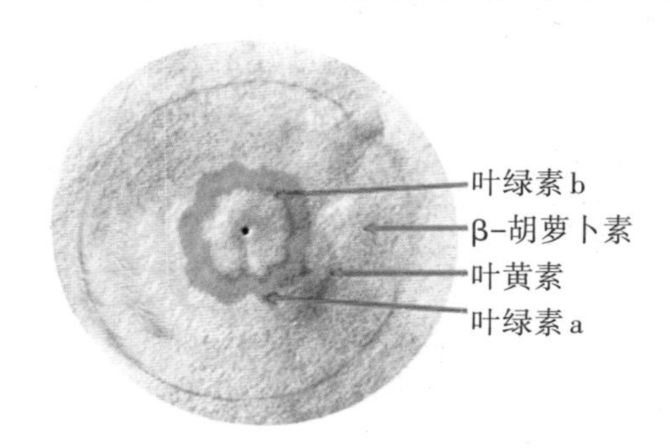

图2-4　纸层析分离叶绿体色素

（4）另取长形滤纸条（6 cm长、2 cm宽），减去一端两角，用于分离4种色素，以测定每种色素的吸收光谱。

（5）在距剪角一端2 cm处用铅笔画线，用毛细管吸少量的滤液沿铅笔线处均匀地画一条滤液细线，迅速风干，干燥后重复画4～5次。

（6）将长形滤纸放入盛有四氯化碳的指管中进行层析，获得不同色素条带（图2-5），分别剪下后测定吸收光谱。

（7）当推动剂前沿接近滤纸边缘时，取出滤纸，风干，即可看到分离的各种色素：叶绿素b为黄绿色，叶绿素a为蓝绿色，叶黄素为鲜黄色，β-胡萝卜素为橙黄色。

（8）剪取各色素条带，将其分别溶于2.0 mL 95%乙醇中，测定它们在400～700 nm波长处的吸收光谱，每间隔10 nm读取一次数值。

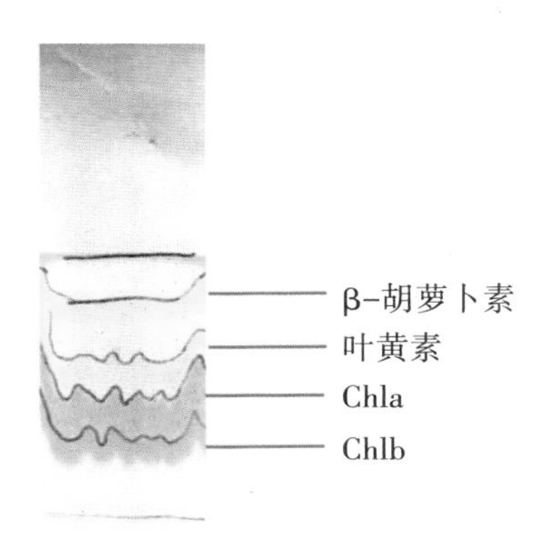

图2-5　叶绿体色素的分离

3.叶绿体色素的理化性质

（1）叶绿素的荧光现象。取色素提取液，分别在反射光和透射光一侧观察色素提取液的颜色，反射光侧为血红色，即为叶绿素的荧光现象（图2-6）。

透射光

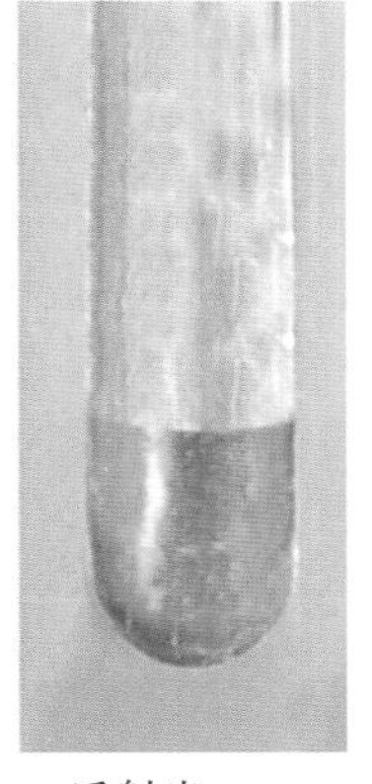

反射光

图2-6　叶绿素的荧光现象

（2）光对叶绿素的破坏作用。取两支试管，分别加入2 mL色素提取液，然后用封口膜封口。一支试管放于黑暗处，另一支试管放于强光下2～3 h，观察两支试管中溶液的颜色有何不同。

（3）铜代反应。取2 mL色素提取液于试管中，一滴一滴加浓盐酸，直至溶液颜色出现褐绿色，此时叶绿素分子已遭破坏，形成去镁叶绿素（图2-7左）。然后加醋酸铜晶体少许，慢慢加热溶液，则又产生鲜亮的绿色，即形成了铜代叶绿素（图2-7右）。

图2-7 铜代反应

（4）皂化反应。①取2 mL色素提取液于大试管中；②加入4 mL石油醚，充分摇匀；③慢慢加入3 mL蒸馏水，轻轻混匀，静置片刻，溶液即分为两层，此时色素已全部转入上层石油醚中；④用滴管将上层绿色溶液转移至另一试管中；⑤加入等体积30%KOH—甲醇溶液，充分摇动3～5 min，再加入3 mL蒸馏水，摇匀后静置。可以看到溶液逐渐分为两层，上层是黄色素，下层是绿色素（图2-8）。

图2-8 皂化反应

六、结果计算

（1）根据公式计算出叶绿素a、叶绿素b、β-胡萝卜素的浓度，然后换算出样品中每种叶绿体色素的含量（μg/g）。

（2）绘制叶绿体色素、叶绿素a、叶绿素b、β-胡萝卜素和叶黄素吸收光谱图。

七、思考题

植物叶绿体色素如何响应环境变化，其中的机制是什么？

实验3　类囊体膜的分离及希尔反应活性的测定

一、实验原理

如果向离体的类囊体悬浮液中加入适当的电子受体，照光时可使水分解而释放氧气，此反应称希尔反应（图2–9）。其中的电子受体被称为希尔氧化剂，例如，铁氰化钾、草酸铁、多种醌、醛及有机染料都可作为希尔氧化剂。以三价铁离子（Fe^{3+}）为例，希尔反应可用以下方程表示：

$$4Fe^{3+} + 2H_2O \rightarrow 4Fe^{2+} + 4H^+ + O_2$$

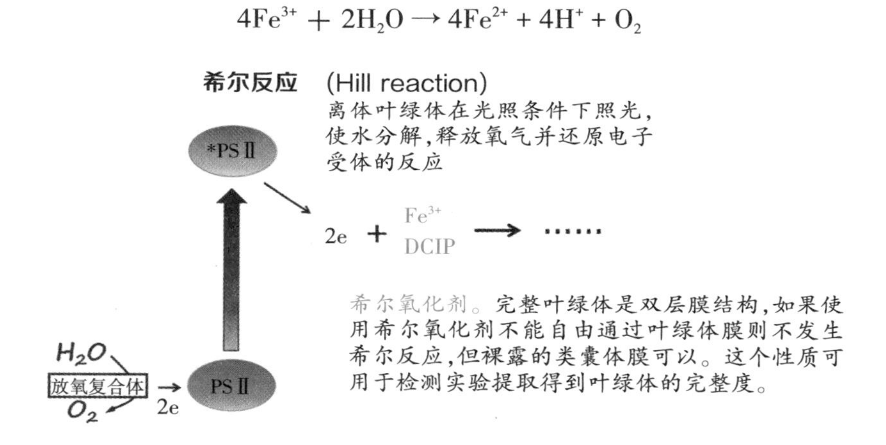

图2–9　希尔反应原理

二、实验目的

（1）了解希尔反应的原理；

（2）掌握类囊体膜和希尔反应活性的测定方法。

三、实验仪器与试剂

1. 实验仪器

低温高速离心机、分光光度计、光照培养箱、研钵、漏斗、离心管等。

2. 实验药品

0.01%二氯酚吲哚酚（DCPIP），10%三氯乙酸。

类囊体提取液：0.4 mol/L蔗糖、50 mmol/L Tris-HCl（pH7.6）。

四、实验材料

菠菜或其他新鲜绿色植物叶片

五、实验步骤

1.类囊体膜的提取

（1）取新鲜的植物叶片2.0 g，剪碎后放入研钵中，加5.0 mL类囊体提取液，冰浴研磨成匀浆。

（2）再用5.0 mL类囊体提取液冲洗研钵，将匀浆液混匀后，用4层纱布过滤到2个7 mL离心管中，1000 r/min离心5 min。

（3）取上清液，再以3000 r/min离心10 min，弃上清液，沉淀用5.0 mL类囊体提取液轻轻悬浮起来，即为类囊体悬浮液。

注意：上述实验步骤需要在低温下进行。

2.希尔反应活性测定

（1）取试管8支，分两组做好标记。按照表2-1加入所需试剂：0.5 mL类囊体悬浮液，5.0 mL类囊体提取液和0.1 mL 0.01%二氯酚吲哚酚（希尔反应液）。

（2）将其中一组光照10～30 min，另一组置于暗处。反应用0.2 mL 10%三氯乙酸终止。

（3）3000 r/min离心2 min后，取上清液，测定620 nm波长处的吸光值。

表2-1　希尔反应活性测定试剂

	试管	类囊体悬浮液(mL)	类囊体提取液(mL)	希尔反应液(mL)	光照时间(min)	三氯乙酸(mL)
暗(3组)	1、2、3	0.5	5	0.1	10～30	0.2
光(3组)	4、5、6	0.5	5	0.1	10～30	0.2
空白	7	0.5	5	0.1(水)	10～30	0.2
	8	0.5	5	0.1(水)	10～30	0.2

六、结果计算

$$还原量=（A_{暗}-A_{光}）/鲜质量\times时间$$

式中：$A_{暗}$——暗处的吸光值；

$A_{光}$——光处的吸光值。

实验4　叶绿体、类囊体膜制备及光合电子传递活性分析

一、实验原理

绿色植物光合电子传递由两个光反应系统相互配合完成。一个是吸收远红光的特殊叶绿素a分子，最大吸收峰在700 nm波长处，称为P700。由P700和其他辅助复合物组成的光反应系统，称为光系统I（PSⅠ）。另一个是吸收红光的特殊叶绿素a分子，其吸收峰在680 nm波长处，称为P680。由P680和其他辅助复合物组成的光反应系统，称为光系统Ⅱ（PSⅡ，图2-10）。

光合膜上按一定顺序排列电子传递体，由光驱动使H_2O或其他电子供体的激发电子按氧化还原电位传递，使$NADP^+$还原，同时释放分子态氧，并在传递电子过程中偶联形成ATP。按各组分的氧化还原电位排列，形成一条光合Z型链（图2-10）。

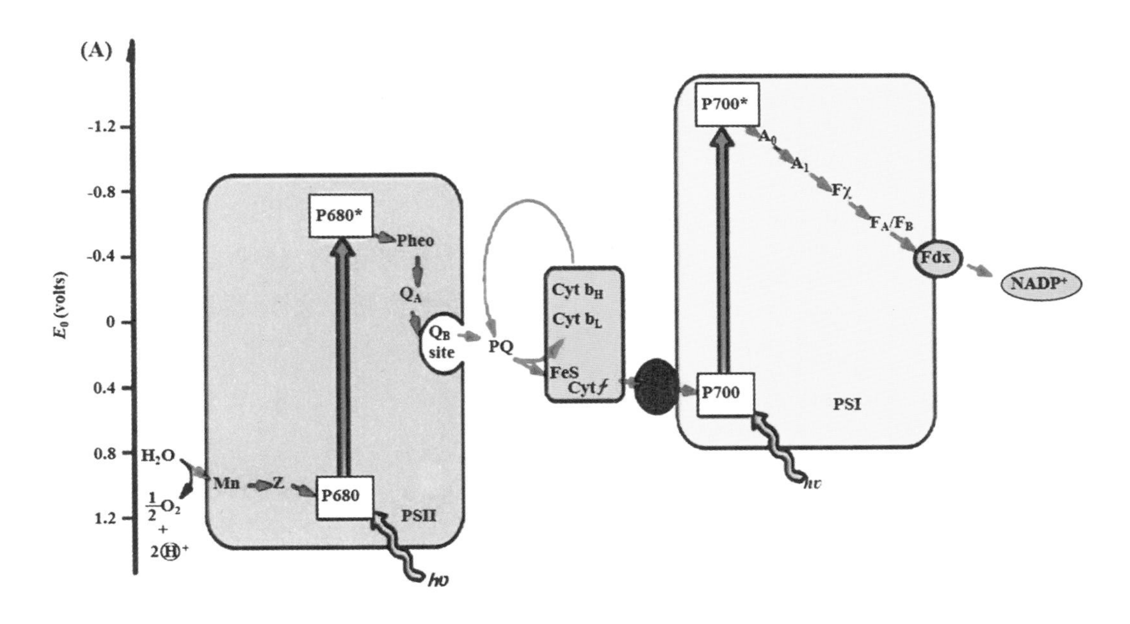

图2-10　光合电子传递Z链

二、实验目的

（1）掌握叶绿体和类囊体膜的制备方法；

（2）了解氧电极法分析光合电子传递活性的原理；

（3）掌握光系统不同组分活性的分析方法。

光系统电子传递的最大活性测定原理：若光强饱和、PSⅡ电子供给饱和，光合电子传递链末端的电子接收能力不限，那么就可以检测光系统电子传递的最大活性（图2-11）。在反应液中加入甲基紫精（MV），MV可以在PSⅠ后接收电子，获得的电子很容易传递给O_2，产生超氧阴离子（O_2^-）自由基，因此，MV的加入可以保证最大的电子接收能力；叠氮化钠会抑制放氧复合体中氧气的产生，但电子传递仍能正常进行，据此可以用氧电极检测溶液中O_2的消耗量来反映光系统电子传递的最大活性。

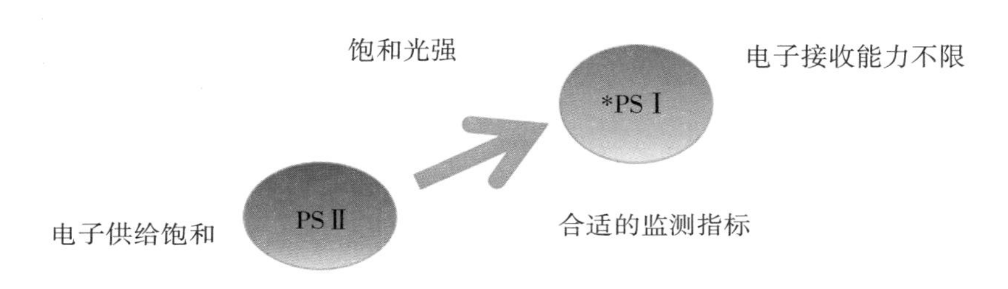

图2-11 光系统电子传递能力（最大活性）检测基本原理

PSⅠ电子传递测定原理：DCIP（也称DCPIP）属希尔氧化剂，氧化状态为蓝色，被还原后为无色（图2-12），可接收PSⅡ传递来的电子被还原；也可以被抗坏血酸等还原剂还原，还原后可作为PSⅠ的电子供体。DCMU可阻断PQ与光系统Ⅱ的结合位点（可逆结合），阻断电子从PSⅡ到PSⅠ（实际上是PC）的传递。因此，在测定PSⅠ电子传递活性时，用DCMU阻断PSⅡ传来的电子，还原态的DCPIP可以作为PSⅠ的电子供体，MV接受PSⅠ传来的电子传递给氧，这样就可以用氧电极检测溶液中O_2的消耗量来反映PSⅠ电子传递的活性（图2-13）。

DCPIP氧化态

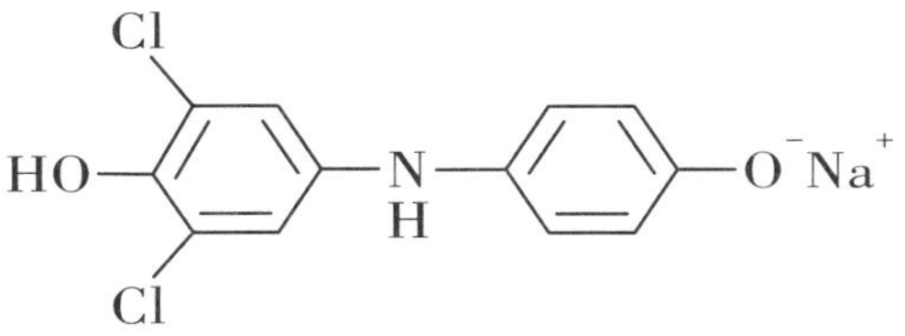

DCPIP还原态

图2-12　氧化态与还原态DCPIP的分子结构

PSⅡ电子传递测定原理：DCPIP可接收PSⅡ传递来的电子被还原，还原后可作为PSⅠ的电子供体。因此，可以用氧电极检测溶液中O_2的产生量来反映PSⅡ电子传递的活性（图2-13）。

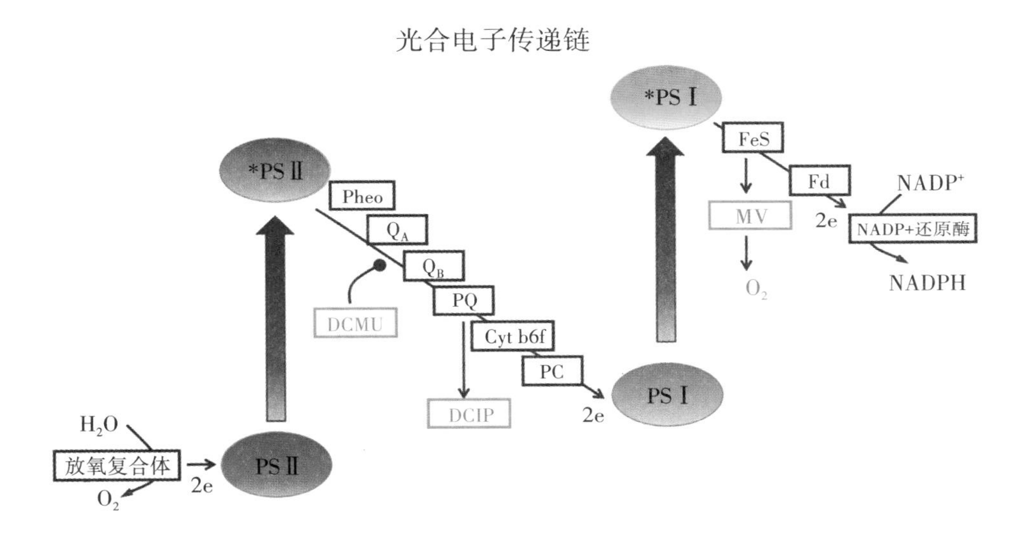

图2-13　PSⅠ和PSⅡ电子传递能力检测基本原理

三、实验仪器与试剂

1. 实验仪器

低温高速离心机、氧电极、天平、恒温水浴锅等。

2. 实验药品

（1）叶绿体提取液：50 mmol/L Tris-HCl（pH7.6）；0.4 mol/L 蔗糖；1 mmol/L 抗坏血酸；1 mmol/L EDTA；10 mmol/L NaCl；用稀盐酸调pH到7.6，冰浴冷却到4 ℃备用。

（2）类囊体悬浮液：20 mmol/L Hepes-NaOH（pH7.6）；10 mmol/L NaCl；冰浴冷却到4 ℃备用。

（3）全链（PSⅠ+PSⅡ）反应液：50 mmol/L Hepes；10 mmol/L NaCl；2 mmol/L NH_4Cl；3 mmol/L $MgCl_2$；1 mmol/L 叠氮化钠；用NaOH调节pH到7.5；0.5 mmol/L MV。

（4）PSⅠ反应液：取全链反应液100 mL添加以下物质，1 mmol/L 还原型抗坏血酸、0.01 mmol/L DCMU、0.1 mmol/L DCPIP。

（5）PSⅡ反应液：50 mmol/L Hepes-NaOH（pH7.0）；10 mmol/L NaCl；2 mmol/L $MgCl_2$；0.03 mmol/L DCPIP。

四、实验材料

新鲜的菠菜叶片。

五、实验步骤

1. 叶绿体/类囊体提取（全程弱光）

（1）取菠菜叶片10.0 g，用30.0 mL叶绿体提取液于冰上研磨成匀浆，研磨过程中，先加15.0 mL提取液研磨，然后用剩余的15.0 mL提取液冲洗研钵。

（2）匀浆液混匀后，用三层纱布过滤到50 mL离心管中。

（3）1000 *g*，4 ℃离心5 min，取上清液到新的50 mL离心管中。

（4）2000 *g*，4 ℃离心5 min，取上清液到新的50 mL离心管中。

（5）3000 *g*，4 ℃离心10 min，弃上清液，沉淀加10.0 mL类囊体悬浮液，用胶头滴管充分吹打均匀。

（6）5000 *g*，4 ℃离心10 min，沉淀用2.0 mL类囊体悬浮液悬浮，用胶头滴管充分吹打均匀，4 ℃避光保存备用。

2. 叶绿素含量测定

（1）分别取0.1 mL类囊体悬浮液到3个10 mL 离心管中，各加入3.9 mL丙酮，振荡混匀（稀释40倍）。

（2）4 ℃ 5000 *g*离心5 min。

（3）取上清液，测定A_{663}和A_{645}的吸光值。

（4）类囊体悬浮液中的叶绿素（Chl）浓度的计算（取平均值）。

（5）Chl =（$8.02 \times A_{663} + 20.2 \times A_{645}$）/1000 ×稀释倍数。

（6）叶绿体原液中总叶绿素含量应在0.5 mg/mL以上。

3. 电子传递活性测定（放氧或吸氧）

（1）预先将各反应液温度平衡到室温。

（2）全链活性测定：取1.3 mL全链（PSⅠ+PSⅡ）反应液到反应杯中，加入

0.1 mL类囊体悬浮液，插入氧电极，平衡稳定1～2 min，开启光源，10 s记录一次氧气浓度，记录10～20次。

（3）PSⅠ活性测定：取1.3 mL PSⅠ反应液到反应杯中，加入0.02 mL类囊体悬浮液，插入氧电极，立刻开启光源并开始记录氧气浓度，3 s记录一次，记录10次或氧浓度1 mg/L以下停止。

（4）PSⅡ活性测定：取1.3 mL PSⅡ反应液到反应杯中，加入0.2 mL类囊体悬浮液，插入氧电极，立刻开启光源并开始记录氧气浓度，3 s记录一次，直至氧气浓度稳定后停止。

（5）注意电极与反应液间不能留有气泡。

（6）全链、PSⅠ、PSⅡ活性各重复测定3次。

六、结果计算

（1）取氧浓度直线变化部分数据计算氧浓度变化速度。

（2）用每毫克叶绿素每秒释放或消耗的氧气表示光合电子传递速率。

七、实验注意事项

（1）叠氮化钠和甲基紫精有毒，实验时注意采取防护措施。

（2）操作过程维持低温，尽可能避免直射光。

（3）氧电极反应杯每次测定前须清洗干净、去除水滴，并小心操作避免损坏。

（4）透镜聚光焦点处温度较高，避免灼伤；反应杯应使用循环水浴。

（5）实验失败要自行检查原因，然后重做实验。

八、思考题

（1）叶绿体提取液与反应液中各种试剂的作用是什么？

（2）分析影响本实验结果的因素有哪些？

实验5 乙醇酸氧化酶活性的测定

一、实验原理

乙醇酸氧化酶是光呼吸途径中的重要催化酶，可将乙醇酸氧化生成乙醛酸和过氧化氢（H_2O_2），反应式如下：

$$\underset{\text{乙醇酸}}{\begin{matrix} CH_2OH \\ | \\ COOH \end{matrix}} + O_2 \xrightarrow{\text{乙醇酸氧化酶}} \underset{\text{乙醛酸}}{\begin{matrix} CHO \\ | \\ COOH \end{matrix}} + H_2O_2$$

乙醛酸和苯肼反应可生成乙醛酸苯腙，因此，可以通过比色法检测乙醛酸苯腙的生成量来反映乙醇酸氧化酶的活性。

二、实验目的

（1）掌握乙醇酸氧化酶活性的测定方法；

（2）了解光呼吸的过程及生物学意义。

三、实验仪器与试剂

1. 实验仪器

分光光度计、低温冷冻离心机、研钵、天平、漏斗等。

2. 实验药品

（1）提取缓冲液：50 mmol/L Tris -HCl（pH7.8）、1% PVP、0.01% TritonX-100、5 mmol/L EDTA、5 mmol/L DTT。

（2）反应混合液：50 mmol/L Tris -HCl（pH7.8）、0.01% Triton-X100、3.3 mmol/L 盐酸苯肼（pH6.8）。

（3）5 mmol/L 乙醇酸钠。

四、实验材料

新鲜的菠菜叶片与玉米叶片。

五、实验步骤

（1）分别称取1.0 g菠菜叶片和玉米叶片，用3.0 mL预冷的提取缓冲液研磨。

（2）匀浆液于4 ℃ 15000 *g* 离心15 min，上清液即为粗酶液。

（3）取100.0 μL上清液加入3.0 mL反应液，加入50.0 μL乙醇酸钠启动反应，测定324 nm波长处的吸光值。

六、结果计算

（1）用考马斯亮蓝测定粗酶液的蛋白含量。

（2）以每毫克粗酶液蛋白每分钟催化产生的乙醛酸苯腙的生成量来反映乙醇酸氧化酶的活性。

七、思考题

（1）比较C3与C4植物乙醇酸氧化酶活性的差异。

（2）乙醇酸氧化酶在光呼吸作用中的意义是什么？

实验6　LI-6400光合仪测定植物光合性能

一、实验原理

植物的净光合速率可以用单位时间内单位面积O_2的生成量、CO_2的消耗量、干物质的生成量来表示。LI-6400采用气体交换法，通过测量样品室和参比室的CO_2/H_2O浓度差的变化来计算叶室内植物的CO_2同化速率和蒸腾速率，进而计算光合速率。

二、实验目的

（1）掌握光合仪的使用方法及测定原理；

（2）了解环境胁迫对光合性能的影响及机制。

三、实验仪器

LI-6400光合仪。

四、实验材料

正常生长的材料和经过某种胁迫处理的材料。

五、实验步骤

1. 连接仪器

根据实验设计，选择合适的叶室（如标准叶室、狭长叶室、针状叶室、簇状叶室、红蓝光源等），正确连接硬件，切记注意电缆线的圆形接头与分析器端相连时，红点相对，直插直拔，不可旋转。

2. 开机

打开仪器开关（主机背面），选择正确叶室，一般选择荧光叶室（LCF.xmL），回车，显示Is the Chamber/IRGA connected?（Y/N），选择“Y”，开机，进入主界面。

F1：主要介绍仪器版本号和部分用于维修诊断模式，用户基本不使用。

F2：配置菜单，主要用于对当前程序配置或编辑，使用主界面示意图。

F3：校准菜单，校准工作在此菜单进行，基本不使用。

F4：测量菜单，测量工作在此菜单下进行。

F5：用户菜单。

（1）开机预热15～20 min，在此过程中做预热前检查工作：开机时，保持空叶室并旋紧状态，将两个化学药品管（图2-14）拧到完全Bypass位置。

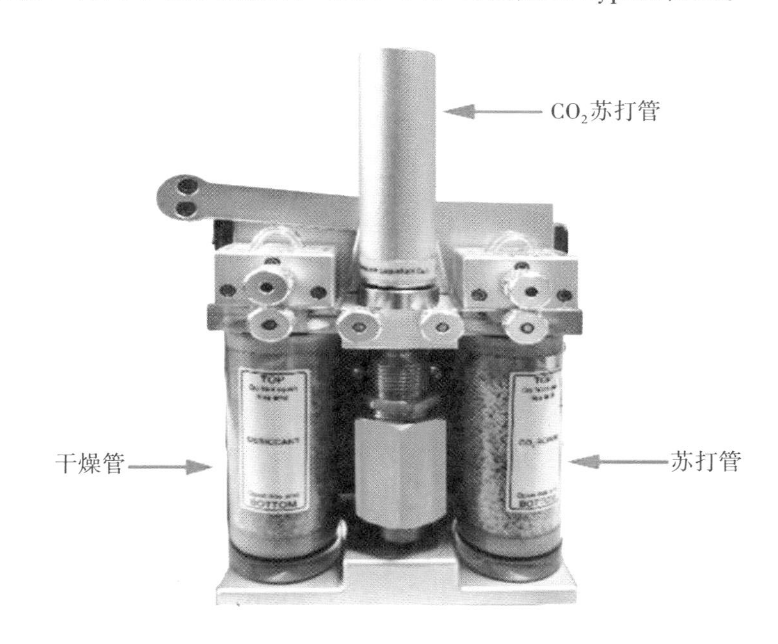

图2-14　两个化学药品管（干燥管和苏打管）和CO_2小钢瓶安装位置

（2）检查温度传感器：①查看h行参数"Tblock、Tair、Tleaf、CTleaf"是否合理，且彼此相差在1 ℃以内；温度值如果异常，请见仪器使用说明书故障分析；②确定叶温热电偶的位置是否正确，直接测量叶片温度时，叶温热电偶的结点位置应高于叶室垫圈约1 mm，保证夹叶片时能与叶片充分接触；如果使用能量平衡方法测量叶片温度，则叶温热电偶的结点位置应低于叶室垫圈1 mm，确保夹叶片时，接触不到叶片。

（3）检查光源和光量子传感器。①检查光源是否工作，且工作正常。测量界面下按2，F5，设置光强（800），查看参数g行ParIn值和设置是否一致（未使用光源，则该检查项忽略）。②检查g行 ParIn_μm 和ParOut_μm传感器是否有响应（用手遮住传感器感光部位读数降低，完全遮住，读数归零）。光源工作不正常或光量子传感器读数异常，请见说明书故障分析。

（4）检查大气压传感器。检查g行Press_kPa值是否合理。一般在海平面大气压值约100 kPa，海拔300 m大气压约为97 kPa，随天气变化，大气压可能会有1～2 kPa的变化。Press读数异常请见说明书故障分析。

（5）检查叶室混合扇。在测量菜单中，按2，F1，按字母O关闭叶室混合扇，按5或字母F打开叶室混合扇，将分析器头部放到耳朵旁边，听分析器头部声音是否随着风扇关闭、打开有变化，如果有变化，表示正常，检查后恢复到FAST状态。如果声音没有变化，则表明混合风扇不转动，此时需要联系公司维修部。

（6）检查是否存在气路堵塞。第一步，在测量菜单中，按2，F2，设定流速Flow rate的Target为1000，检查b行Flow能否达到650以上（该值为标准大气压下的参考值，海拔升高后，该值会有所下降），如果能达到，则说明气路在Bypass状态下没有堵塞；第二步，将苏打管的调节旋钮从Bypass一侧完全旋到Scrub一侧，实时观察b行Flow值，如果流速下降大于20，同时在拧苏打管时，伴随有较大噪声产生，则苏打管存在气路堵塞，排除气路堵塞的方法见说明书；第三步，同上（第二步），检查干燥管（图2-14）。

3.预热后检查

（1）叶室的漏气检查。① 保持叶室关闭，化学管保持在完全Scrub位置，在叶室周围轻轻吹气，如果a行样品室CO_2 S的读数增加量大于2 μmol/mol，说明叶室可能有漏气。②常发生漏气的地方：上下叶室泡沫垫圈变形或位置错位对不齐；上下叶室的O形密封圈缺失；排气管（L型）没有连接或有裂口；叶室后部三孔垫圈位置松动或错位。

（2）检查流速零点。①关闭泵（测量菜单，按2，F2，按字母O），然后关闭叶室混合扇（按2，F1，按字母O）；②检查b行Flow是否在±2 μmol/mol之间，如果在，表示正常；如果不在此范围，需进入校准菜单，进行Flow meter zero。注意：完成后，将流速再调节回500，将混合风扇设置在Fast状态。

（3）检查CO_2和H_2O IRGAs零点（最重要）。①检查零点前确保电缆信号正常：在确定仪器硬件连接不存在问题时，检查l行参数，出现以下两种情况说明圆形接头的IRGA电缆线接触不良，信号中断，仪器出现“IRGA NOT READY”报警，则需要寄回公司维修。②当l行前两个参数CRagc和CSagc变成负的一千多或负的两千多。③l行的参数出现大于5000的情况。④检查零点前确保光路干净：查看l行的前两个参数CRagc和CSagc，两者都应在1500以内。若CRagc超过1500，说明参比室光路已脏；若是CSagc超过1500，说明样品室光路已脏。出现上述情况请首先清洁光路，参见说明书8.1 清洁样品室的步骤。⑤检查零点前确保化学药品有效，并拧到完全检查零点前确保化学药品有效，并拧到完全Scrub：有效干燥剂为蓝色，吸水颜色变粉色，粉色量不超过一半仍可用于零点检查；苏打管可以通过以下方法判断是否有效：旋转至完全Scrub，观察CO_2R降到最低之后，向进气口吹气，CO_2R不会升高或升高量少于2×10^{-6}，则苏打管有效。⑥检查CO_2零点：将苏打管旋至完全Scrub，干燥管完全Bypass。空叶室闭合，等待大约5 min；查看a行CO_2R和CO_2S应在±5 μmol/L以内，如果不在这个范围，且有下降的趋势，建议继续等待10 min，依然超出上述范围，就需要恢复到出厂状态。请参见说明书返回厂家默认校准。⑦检查H_2O零点：将干燥管旋转至完全Scrub，苏打管旋转至完全Bypass。空叶室闭合，等待大约5 min；查看a行H_2O R和H_2O S应在± 0.5 mmol/L以内，如果不在这个范围，且有下降的趋势，建议继续等待10 min，依然超出上述范围，则需要恢复到出厂状态。

（4）校准叶温热电偶的零点。拔开紫色插头，检查h行Tblock和Tleaf温度差值是否在0.1 ℃以内，如果大于0.1 ℃，则需要调节电位调节器进行校准，使得Tleaf和Tblock之间相等或相差0.1 ℃以内。用一字型螺丝刀对分析器底部电位调节器进行温度校准，顺时针旋转Tleaf升高，反之降低，直到Tleaf基本等于Tblock，完成后将紫色插头重新插好。

（5）检查匹配阀（匹配阀在分析器的背面，图2-15）。主界面点击F4（New Msmnts）进入测量界面。等待a行的CO_2和H_2O浓度稳定后，按1，F5，进入匹配模式，应看到匹配阀随之变动。当F5变为Match IRGAs后再按F5，完成匹配，点击F1 Exit退出。

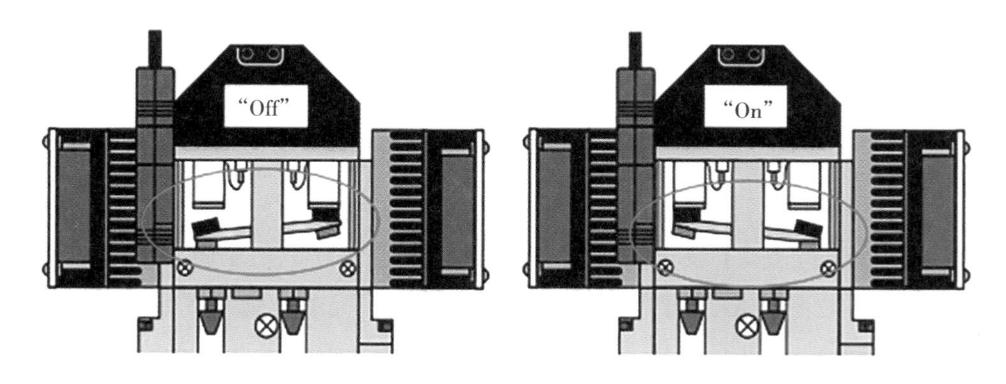

图2-15　匹配阀

注：自动匹配设定方法为在测量菜单下按5，F3（Log Options），找到Match，按enter键切换到always，按F5（OK），则以后每次记数前系统会自动先做匹配再记数。

4. 光合基本测量过程

（1）新建文件名。新建文件名步骤：在主菜单界面进入 F4（New Msmnts）；按 F1（Open LogFile），定义一个文件名，如输入 Test，文件名可以保存到当前默认的 User 下，也可以通过按 F1（Dir）重新定义路径，按上箭头选中 Flash，将文件保存到 Flash（主机箱后槽安装有 CF 卡时）下。无论保存在 User 下还是 Flash 下，回车，完成此步骤，出现添加或编辑一个 Remark 的提示，输入需要进一步提示的内容，也可以不输内容直接回车，完成文件名的新建，界面进入准备测量界面。

（2）光化学效率的测量 Fv/Fm。

实验材料：完全暗适应的叶片。

测量过程：将叶片夹入叶室，关闭，进入测量菜单，按“1，F1”起文件名，添加 Remark 等。按字母“N”，把 N 行变量显示在屏幕上，等待变量 dF/dT 稳定后（± 10 以内即可），按数字 0 把菜单翻到 0 行，按 F3“Do，Fo，Fm”来测量，按字母“O”来显示“Fo”“Fm”“Fv/Fm”的实际测量值，这时测量已经结束，数据已自动记录到文件名中。

（3）研究 PSⅡ的效率，PhiPS2，ETR。F_0、Fm 测量完成后，将叶片做好标记，放到光下进行活化。

测量过程：把叶片夹入叶室，关闭。按字母“N”，把 N 行变量显示在屏幕上，等待变量 dF/dT 稳定后（±10 以内）。按数字 0 把菜单翻到 0 行，按 F3“Do，Fo，Fm”测量。按 2，F5 选择“PAR”把活化光设置为您期望研究的光强水平或目前外界的实际光强（一般设定为 800），并打开光源进行活化。按字母“N”，把 N 行变量显示在屏幕上，等待变量 dF/dT 稳定后（±10 以内），对于设置光强与外界条件不一致的情况需要较长的时间。按 0，F4 来测量，按字母“Q”来显示“PhiPS2”和“ETR”的实际测量值，这时测量已经结束，数据已自动记录到您起的文件名中，关闭文件。

（4）荧光淬灭测量。把叶片夹入叶室，关闭。按字母“N”，把 N 行变量显示在屏幕上，等待变量 dF/dT 稳定后（±10 以内）。按数字 0 把菜单翻到 0 行，按 F3 测量。按 2，F5 选择“PAR”把活化光设置为您期望研究的光强水平或目前外界的实际光强，并打开光源进行活化。等待 N 行中 dF/dT 显示稳定（小于±10）后（提前活化好的叶片，会较快稳定，否则需要进行光适应 20 min 以上），按数字“0”，按“F4”“Fo”来测量。这时可以按字母“Q”来查看“qP”“qN”（数值范围在 0～1 之间）的值了。V 行为 NPQ 值。

5. 荧光光响应曲线测定步骤

（1）植物为光适应状态。提前打开光源（2，F5），夹好叶片，关闭叶室，确保

不漏气；设定样品室CO_2浓度，一般设为400 μmol·mol^{-1}。

（2）设置自动程序。在测量菜单下，第5功能行F1（AUTOPROG），选中LightCurve2回车，建立好记录文件和Remark，进入自动程序界面；按F1下拉菜单，依次将界面上的Flr Action和Summary里的设置都打开。如果提前测定了暗呼吸速率和Fo、Fm，则输入正确值，如果没有可以选择默认值，设置完成后，按F5（START）运行程序。

五、结果计算

以单位叶面积或叶绿素含量计算光合参数。

六、思考题

（1）在光合仪的使用中应注意哪些问题？

（2）解释主要光合参数所代表的意义。

实验7　蓝绿温和胶电泳系统分离叶绿体类囊体膜蛋白复合体

一、实验原理

叶绿体是植物细胞特有的细胞器，可以将光能转化为化学能，固定CO_2。

参与光合作用的蛋白复合体主要包括叶绿体基质的1,5-二磷酸核酮糖羧化酶（RuBPase）和类囊体膜上的光系统Ⅰ（PSⅠ）、光系统Ⅱ（PSⅡ）、ATP合酶、细胞色素b_6f复合物等。1991年，Schägger等为了研究哺乳动物和真菌线粒体中的呼吸电子传递蛋白质复合物，建立了一种温和胶电泳系统，并称之为blue-native polyacrylamide gel electrophoresis（BN-PAGE）。BN-PAGE不仅可分离线粒体蛋白质复合物，也可使叶绿体蛋白质复合物以近似天然的状态分离，真实地呈现叶绿体蛋白质复合物的情况，并具有直观、高效、方便等优点，使其发展成为研究叶绿体类囊体膜蛋白质复合物的重要实验技术。BN-PAGE与其他温和胶系统最明显的区别在于电泳之前，阴极电极液添加考马斯亮蓝染液，使电泳和染色得以同时进行，从而可直观而快速地观察电泳结果。相对于线粒体蛋白复合体的电泳，叶绿体蛋白复合体在进行BN-PAGE电泳时，结合叶绿素的蛋白质复合物呈绿色，而不含叶绿素的蛋白质复合物呈蓝色，因此称之为蓝绿温和胶电泳系统。

采用蓝绿温和胶电泳系统可以非常有效地分离叶绿体蛋白质复合物；同时，结合超速离心技术还可区分基质、基粒类囊体复合物的组成；结合SDS-PAGE和免疫印迹技术可以分析叶绿体蛋白质复合物的亚基组成和含量变化。

二、实验目的

（1）掌握类囊体膜的提取方法；

（2）掌握蓝绿温和胶电泳系统；

（3）了解干旱胁迫对叶绿体类囊体膜蛋白质复合物的影响；

（4）了解单子叶植物和双子叶植物类囊体蛋白质复合物的含量与组成差异。

三、实验仪器与试剂

1. 实验仪器

离心机、分光光度计、天平、研钵、制冰机、Xcell SureLock Mini-Cell 电泳系统（图2-16）、电泳仪（图2-17）。

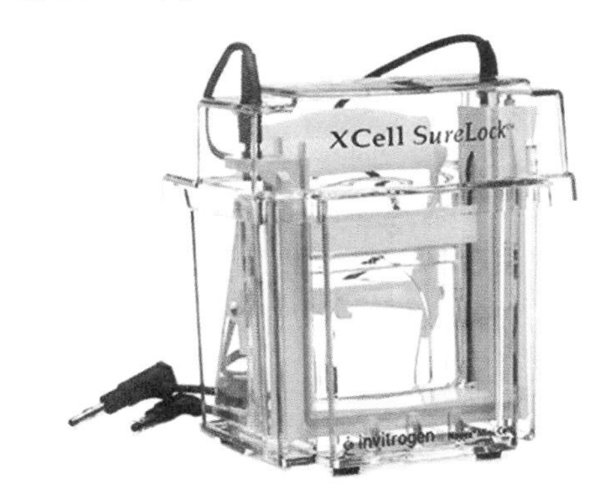

图2-16 Xcell SureLock Mini-Cell 电泳系统

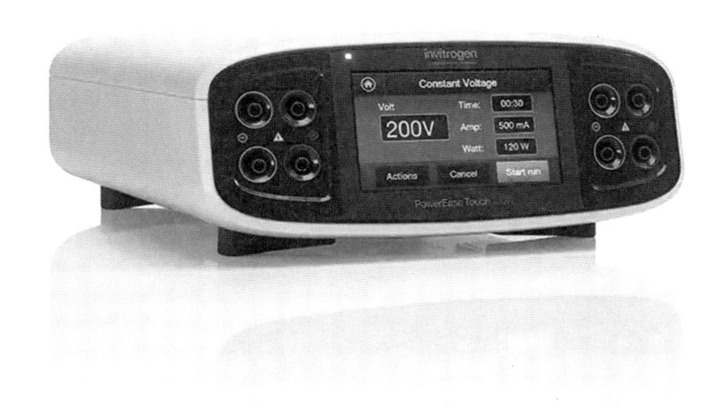

图2-17 电泳仪

2. 实验试剂

（1）类囊体提取液：10 mmol/L Hepes-KOH（pH7.6），400 mmol/L蔗糖，5 mmol/L EDTA-KOH，5 mmol/L $MgCl_2$，10 mmol/LNaCl。

（2）类囊体悬浮液：50 mmol/L Hepes-KOH（pH8.0），330 mmol/L山梨糖，2 mmol/L EDTA-KOH，1 mmol/L $MgCl_2$，1 mmol/L DTT（现用现加）。

（3）Native PAGE 3%～12%；Bis-Tris Gels（10 wells）：BN1001BOX（Thermol Fisher Scientific）。

（4）NativePAGE™ 电泳缓冲液试剂盒（BN2007，Thermol Fisher Scientific）：1 L NativePAGE™ 电泳缓冲液（20×）；250 mL NativePAGE™ 阴极缓冲液添加剂（20×），室温储存；NativePAGE™ 电泳缓冲液可用于配制 NativePAGE™ 阴极和阳极电泳缓冲液；NativePAGE™ 阴极缓冲液添加剂可结合 NativePAGE™ 电泳缓冲液使用，配制系统的阴极电泳缓冲液。

（5）NativePAGE™ 样品制备试剂盒（BN2008）：1 mL 10% DDM（n-十二烷基-β-D-麦芽糖苷）；1 mL 5% 洋地黄皂苷；10 mL NativePAGE™ 4×样品缓冲液；0.5 mL NativePAGE™ 5% G250 样品添加剂（10×）。

两种即用型去垢剂溶液（10% DDM 和 5% 洋地黄皂苷）可在样品制备过程中提高疏水性蛋白和膜蛋白的溶解度，可用于天然电泳，且表现出了更高的分辨率和更少的条带。试剂盒在 2 °C 至 8 °C 储存。

（6）95% 乙醇。

（7）25BTH20G 缓冲液：25 mmol/L BisTris-HCl，20%Glycerol（pH7.0）。

（8）1% DDM：10 μL 10% DDM，25 μL NativePAGE™ 4×样品缓冲液，65 μL H_2O。

（9）电泳缓冲液：所有 buffer 提前配好，4 ℃ 预冷。

200 mL 阴极 buffer（内部）：10 mL Cathode buffer + 10 mL Running buffer + 180 mL water。

600 mL 阳极 buffer（外部）：30 mL Running buffer + 570 mL water。

电泳过程冰上 75 V 开始，每 25 min 后加 25 V

75 V———100 V———125 V———150 V———175 V————200 V————200 V——（200 V 跑 25 min 后根据跑胶状态延长时间）。

125 V 开始时，更换新鲜的内部（200 mL）和外部（600 mL）缓冲液：800 mL Running buffer（40 mL Running buffer + 760 mL water）。

四、实验材料

正常生长和胁迫处理的植物叶片。

五、实验步骤

1. 类囊体膜蛋白的提取

（1）取正常和胁迫处理的植物叶片各 2.0 g，分别放入研钵，加入 5 mL 预冷的类囊体提取液，冰浴研磨。

（2）匀浆液于 1000 *g*，4 ℃离心 5 min，将上清液转移到新的离心管中。

（3）上清液于2000 g，4 ℃离心5 min，将上清液转移到新的离心管中。

（4）上清液于5000 g，4 ℃离心10 min，弃上清液。

（5）沉淀用0.2 mL类囊体悬浮液悬浮，冰浴保存。

（6）定量：以叶绿素含量为标准制样。取10 μL，将提取的类囊体膜蛋白用95%的乙醇稀释100×，于663 nm和645 nm波长处比色，根据下面的公式计算叶绿素（Chl）含量。Chl（μg /mL）$=8.02\,A_{663}+20.2\,A_{645}$

2.样品制备

（1）取50 μg的叶绿素，用500 μL的25BTH20G缓冲液洗涤，混匀后12000 g，离心1 min。

（2）弃去上清液，沉淀用500 μL的25BTH20G悬浮，混匀后12000 g，离心1 min。

（3）弃去上清，沉淀用50 μL的1% DM增溶，冰上放20 min后（每隔1 min涡旋一次），于13000 g，4 ℃，离心10 min。

（4）上清液转到新的1.5 mL离心管中，备用。

3.电泳

（1）制好样后，按5～10 μg叶绿素/泳道上样。

（2）电泳在4 ℃条件下进行，开始时先加200 mL Serva G的阴极缓冲液（0.01% Serva G）和600 mL阳极缓冲液。初始电压为25 V，以后每隔25 min增加25 V，当电压到175 V时，用新鲜的阳极液体同时更换现在的阳极和阴极缓冲液（不加Serva G），以洗掉胶上多余的背景颜色，继续电泳到电压达到250 V，Serva G跑到胶的底部，停止电泳。

4.结果观察

从图2-18可以看出，采用BN-PAGE可以将类囊体蛋白分离出若干条主要条带，分子质量从不足100 KDa到600 KDa不等，产生5条清晰的条带。

PSⅠ（条带Ⅰ）、PSⅡ单体（条带Ⅱ）、部分降解的PSⅡ（缺少CP43）（条带Ⅲ）、LHCⅡ三聚体（条带Ⅳ）、RuBPase大亚基（条带Ⅴ）。

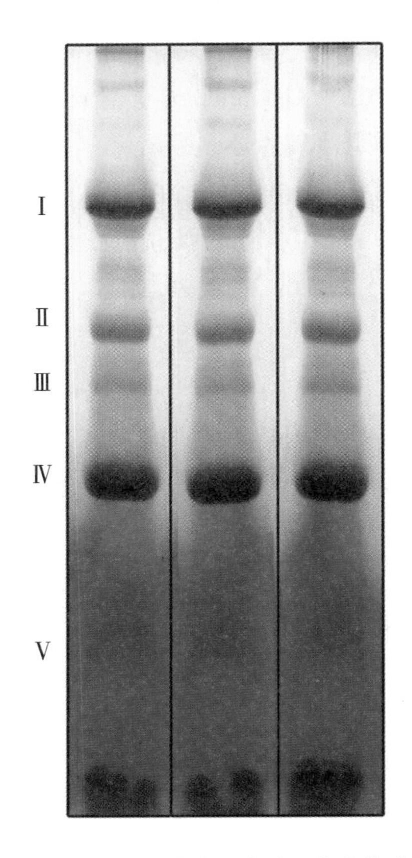

图2-18 蓝绿胶温和电泳分离豌豆类囊体膜蛋白复合

六、讨论

逆境对叶绿体不同光合电子传递蛋白复合体稳定性的影响是什么？分析其作用机制。

三、植物呼吸代谢

实验1　小篮子法测定呼吸速率

一、实验原理

呼吸作用是反映植物生命活动强弱的重要指标之一。根据有氧呼吸的方程式：$C_6H_{12}O_6 + 6O_2 \longrightarrow 6CO_2 + 6H_2O$，植物组织的呼吸强弱可以通过测定$O_2$的吸收量或$CO_2$的释放量来表示。目前，测定$CO_2$释放量的方法包括滴定法、红外线$CO_2$分析仪法等；测定$O_2$吸收量的方法主要是利用氧电极、光合仪等检测。

小篮子法也称为广口瓶法或滴定法，其原理是在密闭容器中加入一定量$Ba(OH)_2$溶液，并悬挂植物材料，植物材料呼吸放出的CO_2可被容器中$Ba(OH)_2$吸收，然后用草酸溶液滴定残留$Ba(OH)_2$，通过空白和样品二者消耗草酸溶液之差，即可计算出呼吸过程中释放的CO_2量。其反应如下：

$$Ba(OH)_2 + CO_2 \rightarrow BaCO_3\downarrow + H_2O$$

$$Ba(OH)_2(\text{剩余}) + H_2C_2O_4 \rightarrow BaC_2O_4\downarrow + 2H_2O$$

二、实验目的

掌握小篮子法测定呼吸作用的原理与方法。

三、实验仪器与试剂

1. 实验仪器

广口瓶、酸式滴定管、温度计、天平。

2. 实验药品

（1）1/44 mol/L草酸溶液：1 mL溶液相当于1 mg的CO_2。

（2）0.05 mol/L $Ba(OH)_2$溶液（密封保存），溶液配好后先过滤到试剂瓶中，塞紧试剂瓶，尽量减少溶液暴露在空气中的时间，以减少$BaCO_3$沉淀的产生。

（3）酚酞指示剂：1.0 g 酚酞溶于100 mL 95%乙醇中。

（4）碱石灰。

四、实验材料

萌发的小麦或大麦种子。

五、实验步骤

1. 装配广口瓶测呼吸装置

2. 空白滴定

（1）向广口瓶内加入$Ba(OH)_2$溶液20.0 mL，加入2滴酚酞试剂。

（2）塞紧橡皮塞，摇动广口瓶几分钟，使瓶内CO_2充分被吸收。

（3）待瓶内CO_2吸收完全后，拔出小橡皮塞，把酸式滴定管插入小孔中，用草酸滴定，至红色刚刚消失为止。

（4）记下草酸溶液的用量，即为空白滴定值。

3. 样品滴定

（1）萌发的种子。倒出废液，用蒸馏水洗净广口瓶，加20.0 mL $Ba(OH)_2$溶液于瓶内，将装有待测种子（10.0 g）的小篮子迅速挂在小钩上，塞紧瓶塞。

（2）检测煮熟的种子：方法同上。

（3）开始记录时间，30 min后，小心打开瓶塞，迅速取出小篮子，立即盖紧瓶塞，充分摇动2～5 min，使瓶内的CO_2完全被吸收。

（4）从滴定孔中滴入2滴酚酞，其余操作如空白对照，记下草酸用量，即为样品滴定值。

六、结果计算

（1）呼吸速率＝（空白滴定值-样品滴定值）/ 植物组织鲜质量 × 时间。

（2）呼吸速率的单位一般可采用mg/g·h表示。

（3）消耗1.0 mL草酸相当于产生1.0 mg CO_2。

七、注意事项

（1）操作时勿使口中呼出的气体进入瓶中。

（2）测定期间轻轻地摇动广口瓶，破坏溶液表面的$BaCO_3$薄膜，以利于CO_2的吸收。

（3）将滴定管轻轻插入橡皮塞中，摇动广口瓶时握住滴定管，以免折断滴定管。

实验2　植物完整线粒体的分离及其活性测定

一、实验原理

植物线粒体的主要功能是进行三羧酸循环、电子传递和氧化磷酸化，它是植物细胞获得能量的主要来源。当供给植物充足的氧气时，植物细胞可使底物完全氧化。葡萄糖作为呼吸底物完全氧化时，最后生成二氧化碳，吸收的氧气被还原成水，并且1 mol葡萄糖完全氧化产生30 mol ATP，分子式如下：

$$C_6H_{12}O_6+6O_2+30ADP+38Pi \rightarrow 6CO_2+6H_2O+30ATP$$

其中，细胞内大部分的ATP是通过氧化磷酸化作用形成的，这也是细胞内形成可利用能量的主要过程。在线粒体中进行这些反应的速度可用耗氧量、二氧化碳产生量或ATP的生成量来表示。

二、实验目的

（1）掌握分级分离法提取植物线粒体的方法；

（2）学会氧电极的使用；

（3）掌握线粒体呼吸速率及氧化磷酸化效率的计算方法。

三、实验仪器与试剂

1. 实验仪器

高速冷冻离心机、氧电极、制冰机、恒温水浴、50 mL离心管、天平、分光光度计、研钵、漏斗、纱布等。

2. 实验药品

（1）匀浆介质：0.01 mmol/L磷酸缓冲液（pH 7.2）、0.3 mol/L蔗糖、1 mmol/L EDTA、0.1%牛血清蛋白（用前加）、0.05%半胱氨酸。

（2）清洗介质：0.01 mmol/L磷酸缓冲液（pH 7.2）、0.3 mol/L蔗糖、1 mmol/L EDTA、0.1%牛血清蛋白（用前加）、1 mmol/L DTT（用前加）。

（3）反应介质：0.01 mmol/L磷酸缓冲液（pH 7.2）、0.3 mol/L甘露醇、10 mmol/L KCl、5 mmol/L $MgCl_2$、1 mmol/L ADP（用前加）、8 mmol/L琥珀酸（用前加）、0.05 mg/mL细胞色素c（用前加）。

（4）10%三氯乙酸。

（5）定磷试剂如下：

试剂A：3.3 g钼酸氨溶于50 mL水中。

试剂B：7.5 mol/L的硫酸。

试剂C：2.5 g $FeSO_4 \cdot 7H_2O$溶于25 mL蒸馏水中，再加入0.5 mL 7.5 mol/L硫酸。

（6）标准磷酸溶液：1 mmol/L KH_2PO_4溶液。

（7）标准牛血清蛋白溶液：1000 μg/mL。

（8）考马斯亮蓝G250：0.1 g G250，100 mL 95%乙醇，50 mL标准磷酸，定容至1000 mL，过滤后避光保存。

四、实验材料

黄豆子叶。

五、实验步骤

1. 线粒体的分离与制备

（1）取20.0 g黄豆子叶，用50.0 mL预冷的匀浆介质冰浴研磨。

（2）匀浆液用3层纱布过滤后，于3500 *g*离心5 min。

（3）取上清液于新的离心管中，5000 *g*离心5 min。

（4）取上清液于新的离心管中，12000 *g*离心10 min。

（5）弃上清液，沉淀用1.0 mL清洗介质悬浮，低温保存并立即进行后续实验。

2. 线粒体活性的测定

（1）耗氧量的测定：将0.4 mL蒸馏水和0.6 mL反应液注入反应杯，启动磁力搅拌仪，平衡2～3 min后加入0.3 mL线粒体制备液，插入氧电极，当数值稳定下降时，开始记录数据。计算0.3 mL的线粒体悬浮液的耗氧量，根据反应时间，算出耗氧速率。

（2）考马斯亮蓝法定蛋白。

A. 标准曲线的绘制：按表3-1配制牛血清蛋白梯度溶液各1 mL。吸取各溶液0.1 mL于试管中，加入3 mL考马斯亮蓝G250，振荡摇匀，于595 nm波长处比色，绘制标准曲线。注意：每个点3个平行。

表3-1 蛋白标准曲线的绘制

BSA浓度(μg/mL)	BSA标准液(mL)	水(mL)
0	0.0	1.0
100	0.1	0.9
200	0.2	0.8
300	0.3	0.7
400	0.4	0.6
500	0.5	0.5

B. 样品提取液中蛋白质浓度的测定：吸取样品提取液10.0 μL，稀释50倍后，取100 μL稀释液，加入900 μL水、3.0 mL考马斯亮蓝G250，充分混合，595 nm波长下比色，通过标准曲线查得蛋白质含量。

3. Sumnor法定磷

A. 标准曲线绘制：取烘干的试管，按表3-2配成不同浓度的磷溶液，并依次加入各种试液，静置10 min，620 nm波长测定吸光值，绘制标准曲线。注意：每个点3个平行。

B. 反应液中磷的测定：

（1）将2支预冷的10 mL离心管，分别加入0.4 mL蒸馏水、0.6 mL反应液、0.3 mL线粒体悬浮液，平衡几分钟。

（2）当呼吸活性测定开始时，向其中一管中加入3.0 mL 10%的三氯乙酸，以终止反应作为起始磷测定管。

（3）呼吸测定结束后，向另一管中加入3.0 mL 10%三氯乙酸，作为终止磷测定管。

（4）将上面的2个离心管于3000 r/min离心10 min，分别吸取上清液0.4 mL用作磷的测定。0.4 mL上清液中依次加入3.2 mL蒸馏水、0.5 mL A、0.5 mL B、0.4 mL C溶液，显色10 min后比色。由标准曲线查出磷的含量，再计算磷的降低量。

C. 最后计算0.3 mL线粒体悬浮液中磷的降低量。

表3-2 磷标准曲线的绘制

P(μmol)	1 mmol/L KH_2PO_4(mL)	水(mL)	A(mL)	B(mL)	C(mL)
0	0	3.6	0.5	0.5	0.4
0.4	0.4	3.2	0.5	0.5	0.4
0.8	0.8	2.8	0.5	0.5	0.4
1.2	1.2	2.4	0.5	0.5	0.4
1.6	1.6	2.0	0.5	0.5	0.4

六、结果计算

（1）线粒体氧化活性的计算：耗氧速率/线粒体蛋白含量，单位为mmol/mg·min。

（2）线粒体氧化磷酸化效率（P/O）：求出线粒体一定时间内的耗氧量，再求出这段时间线粒体脂化的磷量（mmol/mg·min），脂化的磷量除以耗氧量即可求出P/O。

七、思考题

植物完整线粒体提取的过程中应注意的事项是什么？

实验3　Chlorolab-2液相氧电极测定植物组织呼吸速率

一、实验原理

线粒体作为细胞氧化磷酸化、三羧酸循环和其他重要代谢途径的场所，在植物生长发育中起关键的作用。线粒体属半自主细胞器，拥有自己的基因组和转录翻译系统。干扰线粒体功能往往导致胚胎致死，影响光合性能、氮的代谢等过程。而且，线粒体在细胞的程序性死亡、病原体防御和对环境胁迫的耐受中起重要作用。植物线粒体与动物线粒体的区别是除了拥有细胞色素主导途径外，还拥有氰化物不敏感的抗氰交替途径，细胞色素c氧化酶和交替氧化酶分别是上述两条途径的末端氧化酶。与细胞色素主路相比，NADH通过交替途径氧化只伴随少量的质子穿膜运动，因此产生ATP少（P/O≤1），属耗能呼吸。交替途径可被水杨基氧肟酸（salicythydroxamic acid，SHAM）抑制。

二、实验目的

掌握Chlorolab-2液相氧电极测定植物组织的总呼吸速率、细胞色素呼吸容量和交替呼吸容量。

三、实验仪器与试剂

1. 实验仪器

Chlorolab-2液相氧电极（Hansatech）、恒温水浴锅、循环水泵、微量进样器等。

2. 实验试剂

（1）Reaction medium buffer：10 mmol/L HEPES、10 mmol/L MES、2 mmol/L $CaCl_2$，用KOH调pH到6.8。

（2）0.2 mol/L KCN（氰化钾）。

（3）0.2 mol/L水杨基氧肟酸，用DMSO配制。

（4）连二亚硫酸钠、保险粉。

四、实验材料

正常生长的植物材料和经过某种胁迫处理的材料。

五、实验步骤

（1）打开水浴锅，设定温度为25 ℃，将反应液和循环泵放入其中。

（2）用电极清洁剂清理氧电极的电极，之后安装电极膜和电极盘（图3-1）。注意：电极使用前必须进行清洁（图3-1A）；电极膜和电极之间保持平滑，不能存有气泡（图3-1B），否则会干扰数据。

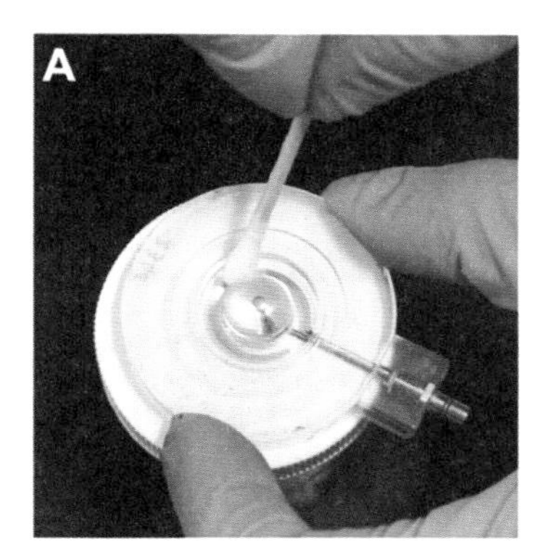

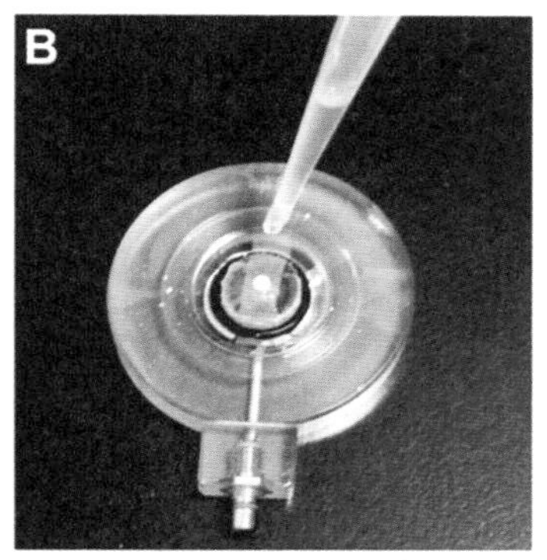

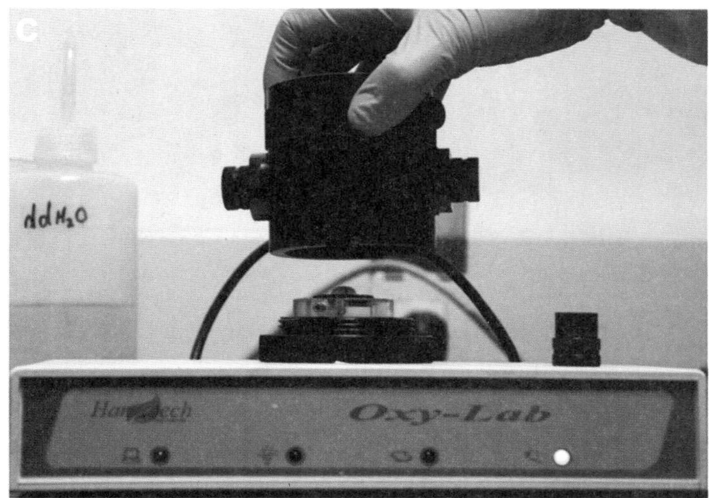

A.电极的清理；B.安装电极膜；C.安装电极盘

图3-1　电极盘的制备

（3）氧电极的平衡：向反应杯中加入2.0 mL蒸馏水，放入磁转子，打开氧电极（图3-2A）。

（4）连接氧电极与循环泵，以保证呼吸测定过程溶液温度的恒定。

（5）平衡30 min后，用饱和的蒸馏水和饱和的连二亚硫酸钠溶液对氧电极进行校准。

A.氧电极的平衡；B.将植物材料放入反应杯，平衡5 min；C.盖上电极盖，开始记录呼吸速率；D.用微量进样器加相关抑制剂

图3-2 呼吸速率的测定

（6）取待测植物组织，将其切成2 mm^2的小块，如果测定的是植物叶片，须将幼苗暗适应2 h后进行测定，以便降低光合作用的影响。

（7）呼吸速率的测定：向反应杯加入2.0 mL反应液，然后放入植物组织（图3-2B）。平衡5 min后，开始记录氧气的消耗速率（2～3 min），此时的呼吸速率为总呼吸速率；停止记录，用微量进样器向反应杯中加入20.0 μL 0.2 mol/L KCN，2 min后记录数据，记录2～3 min；停止记录，用微量进样器向反应杯中加入

20.0 μL 0.2 mol/L 水杨基氧肟酸，3 min 后记录数据，记录2～3 min（图3-2）。

六、结果计算

如图3-3所示，总呼吸速率、细胞色素途径容量与交替途径容量计算方法如下：

（1）不加抑制剂时测定的耗氧速率为总呼吸速率；

（2）单独加入SHAM后测得的耗氧速率为细胞色素途径的容量和剩余呼吸速率；

（3）同时含有KCN和SHAM测得的耗氧速率为剩余呼吸速率；

（4）单独加入KCN后测得的耗氧速率为交替途径的容量和剩余呼吸速率。

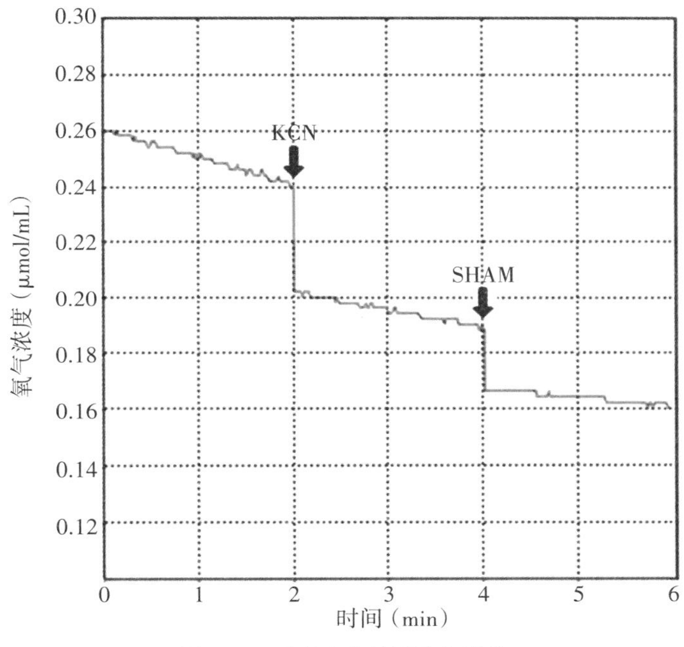

图3-3 呼吸速率的测定与计算

七、思考题

逆境下，植物交替呼吸容量的响应方式及可能的机制是什么？

实验4　线粒体Ⅱ-NAD(P)H脱氢酶（Ⅱ-NDHs）活性测定

一、实验原理

植物线粒体呼吸电子传递链具有多样性，除细胞色素途径外，还存在多条非磷酸化的呼吸电子传递途径，主要由三类能量支路蛋白介导：Ⅱ型NAD(P)H脱氢酶[type Ⅱ NAD(P)H dehydrogenases，Ⅱ-NDHs]、交替氧化酶（alternative oxidase，AOX）和解偶联蛋白（uncoupling protein，UCP）。它们在维持细胞氧化还原稳态、调节碳代谢、清除活性氧等过程中发挥重要功能。

拟南芥Ⅱ-NDHs家族包含三种同源蛋白：NDAs、NDBs和NDCs（图3-4）。NDAs和NDCs氧化线粒体基质侧的NAD(P)H；NDBs氧化来自细胞质的NAD(P)H。拟南芥Ⅱ-NDHs家族蛋白具有不同的底物特异性和调节机制。研究发现，当线粒体膜间隙内的NAD(P)H浓度和pH与胞质条件相近时，AtNDB1特异性氧化NADPH，其活性依赖于Ca^{2+}；AtNDB2则特异性氧化NADH，活性受Ca^{2+}激发；AtNDB4同样特异性氧化NADH，但活性完全不依赖Ca^{2+}；而AtNDB3被认为不受Ca^{2+}调控，推测其底物也为NADH[2]。针对线粒体内膜内侧的Ⅱ-NDHs实验表明，AtNDA1、AtNDA2、AtNDC1均以NADH为底物且不受Ca^{2+}调节，AtNDC1还可能氧化线粒体基质内的NADPH[3-5]，故根据它们的底物特异性以及对Ca^{2+}的依赖性差异，通过在340 nm波长处对NADH和NADPH的氧化进行监测可以将其活性分开。

二、实验目的

（1）掌握Ⅱ-NDHs活性的测定原理及方法；

（2）理解Ⅱ-NDHs生理学功能及意义。

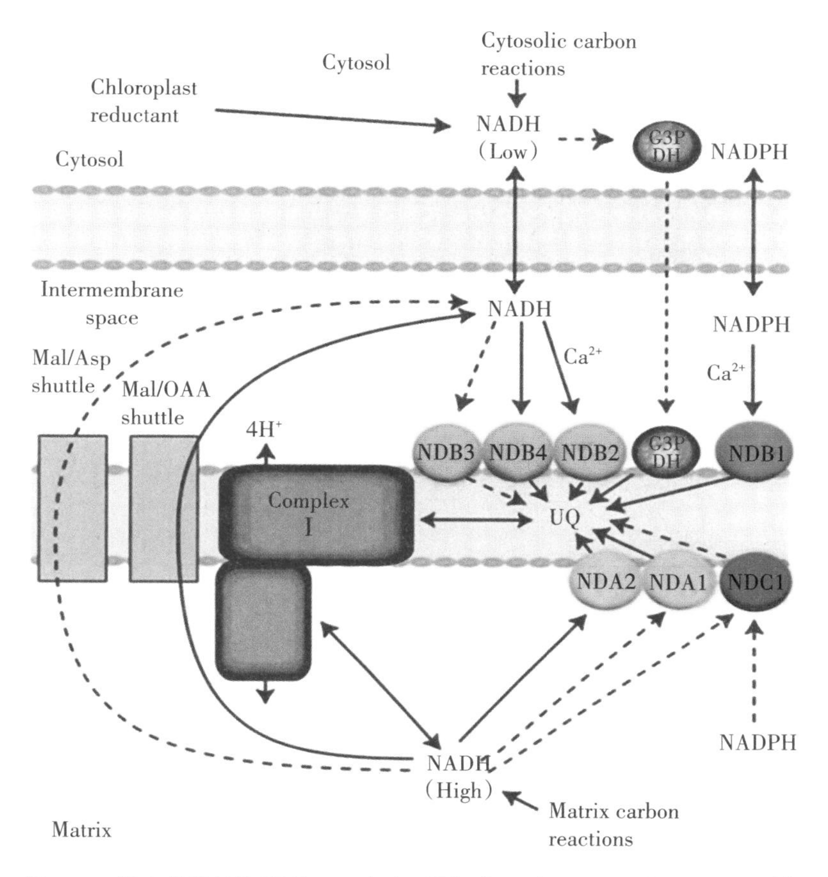

图3-4 拟南芥线粒体Ⅱ型NAD(P)H脱氢酶系（Ⅱ-NDHs）作用机理[4]

在拟南芥中，NDB1氧化线粒体膜间隙内的NADPH，NDB2、NDB3和NDB4则氧化线粒体膜间隙内的NADH；NDAs和NDC1氧化线粒体基质内的NADH，NDC1被推测也能氧化线粒体基质内的NADPH。线粒体基质内过多的NADH可以经苹果酸/草酰乙酸穿梭系统（Mal/OAA）或苹果酸/天冬氨酸穿梭系统（Mal/Asp）转运到膜间隙，而被NDB2、NDB3和NDB4氧化。图中箭头表示电子传递，虚线表示假设途径。

三、实验仪器与试剂

1. 实验仪器

分光光度计、研钵、超速离心机、天平、移液枪、制冰机等。

2. 实验药品

（1）线粒体提取介质如表3-3所示，线粒体悬浮介质如表3-4所示，Ⅱ-NDHs活性测定反应液如表3-5所示。

表3-3 线粒体提取介质

成分	工作浓度
蔗糖	450 mmol/L
EDTA(pH 7.5)	2 mmol/L
PVP40	0.6%
抗坏血酸	20 mmol/L
BSA	0.1%
DTT	5 mmol/L
PMSF	0.2 mmol/L
Mops	15 mmol/L

注：KOH调pH至7.3，BSA、DTT、PMSF均为现用现加。

表3-4 线粒体悬浮介质

成分	工作浓度
甘露醇	0.4 mol/L
EDTA(pH 8.0)	1 mmol/L
Tricine	10 mmol/L
DTT	1 mmol/L

注：KOH调pH至7.2，DTT为现用现加。

表3-5 Ⅱ-NDHs活性测定反应液

成分	工作浓度
甘露醇	0.45 mol/L
KCl	50 mmol/L
TES	50 mmol/L
KH_2PO_4	10 mmol/L
$MgCl_2$	2 mmol/L

注：KOH调pH至7.2。

（2）考马斯亮蓝G250：0.1 g G250，100 mL 95% 乙醇，50 mL 标准磷酸，定容至1000 mL，过滤后避光保存。

（3）5 mmol/L EGTA（10×）。

（4）10 mmol/L $CaCl_2$（10×）。

（5）10 mmol/L ADP（10×）。

（7）2 mmol/L NADH（10×）。

（7）2 mmol/L NADPH（10×）。

（8）标准牛血清蛋白溶液：1000 μg/mL。

四、实验材料

正常生长的植物材料和经过某种胁迫处理的材料。

五、实验步骤

1. 线粒体的提取

（1）取20 g植物材料，加100 mL预冷的匀浆液，匀浆机打碎。

（2）3层纱布过滤，4 ℃，1000 *g*离心5 min。

（3）取上清液，4℃，2000 *g*离心5 min。

（4）取上清液，4 ℃，5000 *g*离心10 min。

（5）取上清液于4 ℃，12000 *g*离心10 min，沉淀为粗提线粒体。

（6）向线粒体沉淀中分别加入10 mL清洗介质，4 ℃，12000 *g*离心10 min。

（7）弃上清液，沉淀用0.5 mL重悬液重悬，得到线粒体粗提液。

2. Ⅱ-NDHs活性的测定

（1）取50～100 μg的线粒体蛋白加入1 mL反应液。

（2）测定Ca^{2+}不依赖的Ⅱ-NAD(P)H氧化酶活性时，向反应混合液中添加NAD(P)H（终浓度0.2 mmol/L）、ADP（终浓度1 mmol/L）、EGTA（0.5 mmol/L），混匀后于340 nm波长处，测定NADH和NADPH的氧化速率，每隔15 s记录吸光值，共2 min，消光系数为6.22 L/mmol·cm。

（3）测定Ca^{2+}依赖的Ⅱ-NAD(P)H氧化酶活性时，向反应混合液中添加NAD(P)H（终浓度0.2 mmol/L）、ADP（终浓度1 mmol/L）、0.5 mmol/L $CaCl_2$（终浓度1 mmol/L），混匀后于340 nm波长处，测定NADH和NADPH的氧化速率，每隔15 s记录吸光值，共2 min，消光系数为6.22 L/mmol·cm。

3. 考马斯亮蓝法定蛋白

标准曲线的绘制：按表3-6配制牛血清蛋白梯度溶液各1 mL。吸取各溶液0.1 mL于试管中，加入3 mL考马斯亮蓝G250，振荡摇匀，于595 nm波长处比色，绘制标准曲线。注意：每个点3个平行。

表3-6 蛋白标准曲线的绘制

BSA浓度(μg/mL)	BSA标准液(mL)	水(mL)
0	0.0	1.0
100	0.1	0.9
200	0.2	0.8
300	0.3	0.7
400	0.4	0.6
500	0.5	0.5

六、结果计算

根据消光系数、线粒体的蛋白含量活性，计算Ⅱ-NDHs活性，单位为mmol/min·mg。

七、思考题

线粒体内膜上的Ⅱ-NDHs在植物发育与逆境适应中的作用是什么？

实验5　线粒体解偶联蛋白（UCP）活性测定

一、实验原理

植物线粒体呼吸电子传递链具有多样性，除细胞色素途径外，还存在多条非磷酸化的呼吸电子传递途径，主要由三类能量支路蛋白介导：Ⅱ型NAD(P)H脱氢酶[type Ⅱ NAD(P)H dehydrogenases，Ⅱ-NDHs]、交替氧化酶（alternative oxidase，AOX）和解偶联蛋白（uncoupling protein，UCP）。它们在维持细胞氧化还原稳态、调节碳代谢、清除活性氧等过程中发挥重要功能。

解偶联途径是由解偶联蛋白（UCP）介导的非磷酸化途径，该蛋白定位于线粒体内膜，它催化线粒体膜间隙的H^+绕过复合体Ⅴ进入基质，消除线粒体内膜两侧的质子电化学势梯度，降低氧化磷酸化效率，减少ATP合成并将能量转化为热能[6]（图3-5）。UCP最早于1976年在哺乳动物褐色脂肪组织的线粒体中发现[7]。1995年，首次在马铃薯线粒体中发现动物UCP的类似蛋白，命名为植物线粒体解偶联蛋白[8]。随后，更多植物UCP基因被识别和鉴定。研究证实，除酵母外的所有真核生物中都存在UCP，UCP活性显著受游离脂肪酸的刺激，而受GDP的抑制[9]。

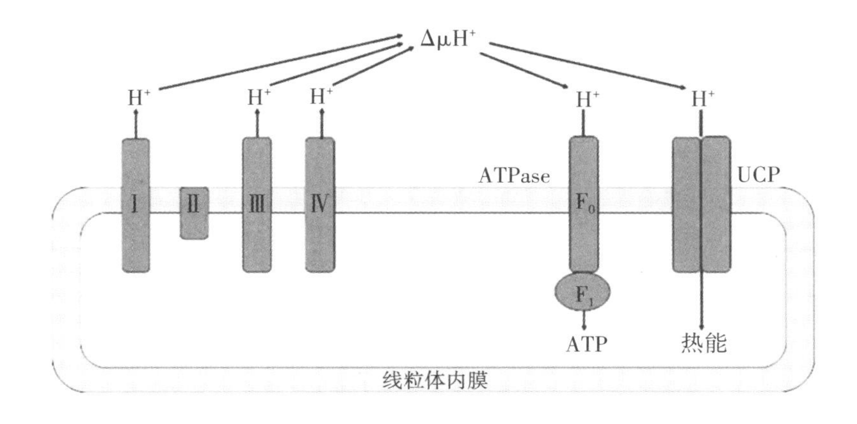

图3-5　线粒体解偶联蛋白（UCP）工作机制[6]

Ⅰ、Ⅱ、Ⅲ、Ⅳ代表线粒体复合体Ⅰ、Ⅱ、Ⅲ、Ⅳ。

二、实验目的

掌握植物线粒体UCP活性的测定方法和测定原理。

三、实验仪器与试剂

1. 实验仪器

分光光度计、研钵、超速离心机、天平、移液枪、制冰机等。

2. 实验药品

（1）线粒体提取介质如表3-7所示，线粒体悬浮介质如表3-8所示，UCP活性测定反应液如表3-9所示。

表3-7　线粒体提取介质

成分	工作浓度
蔗糖	450 mmol/L
EDTA（pH7.5）	2 mmol/L
PVP40	0.6%
抗坏血酸	20 mmol/L
BSA	0.1%
DTT	5 mmol/L
PMSF	0.2 mmol/L
MOPS	15 mmol/L

注：KOH调pH至7.3，BSA、DTT、PMSF均为现用现加。

表3-8　线粒体悬浮介质

成分	工作浓度
甘露醇	0.4 mol/L
EDTA（pH 8.0）	1 mmol/L
Tricine	10 mmol/L
DTT	1 mmol/L

注：KOH调pH至7.2，DTT为现用现加。

表3-9 UCP活性测定反应液（2×）

成分	工作浓度
Sucrose	0.6 mol/L
KCl	20 mmol/L
KH_2PO_4	36 mmol/L
$MgCl_2$	2 mmol/L
Na_2EDTA	100 mmol/L

注：KOH调pH至7.4。

（2）考马斯亮蓝G250：0.1 g G250，100 mL 95%乙醇，50 mL标准磷酸，定容至1000 mL，过滤后避光保存。

（3）5 mmol/L EGTA（10×）。

（4）5 mmol/L亚油酸。

（5）50 mmol/L谷氨酸。

（6）50 mmol/L苹果酸。

（7）0.2 mol/L GDP。

（8）标准牛血清蛋白溶液：1000 μg/mL。

四、实验材料

正常生长的植物材料和经过某种胁迫处理的材料。

五、实验步骤

1. 线粒体的提取

（1）取20 g植物材料，加100 mL预冷的匀浆液，匀浆机打碎。

（2）3层纱布过滤，4 ℃，1000 *g*离心5 min。

（3）取上清液，4 ℃，2000 *g*离心5 min。

（4）取上清液，4 ℃，5000 *g*离心10 min。

（5）取上清液于4 ℃，12000 *g*离心10 min，沉淀为粗提线粒体。

（6）向线粒体沉淀中分别加入10 mL清洗介质。

（7）4 ℃，12000 *g*离心10 min。

（8）弃上清液，沉淀用0.5 mL重悬液重悬，得到线粒体粗提液。

2.UCP活性的测定

（1）取50～100 μg的线粒体蛋白加入750 μL反应液。

（2）按表3-10加入以下各种试剂。

表3-10　UCP活性的测定

成分	加入体积
2×反应液	750 μL
50 mmol/L苹果酸	30 μL
50 mmol/L谷氨酸	300 μL
5 mmol/L寡霉素	2.5 μL
5 mmol/L亚油酸	3 μL
H_2O	315 μL
线粒体	100 μL(约100 μg)

（3）平衡2 min后，利用氧电极定耗氧速率，亚油酸为UCP途径的激活剂。

（4）测定结束后，向反应液中加入15 μL 0.2 mol/L GDP，2 min后测定耗氧速率，即为抑制UCP途径后的耗氧速率。

3. 考马斯亮蓝法定蛋白

标准曲线的绘制：按表3-11配制牛血清蛋白梯度溶液各1 mL。吸取各溶液0.1 mL于试管中，加入3 mL考马斯亮蓝G250，振荡摇匀，于595 nm波长处比色，绘制标准曲线。注意：每个点3个平行。

表3-11　蛋白标准曲线的绘制

BSA浓度(μg/mL)	BSA标准液(mL)	水(mL)
0	0.0	1.0
100	0.1	0.9
200	0.2	0.8
300	0.3	0.7
400	0.4	0.6
500	0.5	0.5

六、结果计算

根据耗氧速率和线粒体的蛋白含量计算UCP活性，单位为mmol/min·mg。

七、思考题

线粒体内膜上UCP在植物发育与逆境适应中的作用是什么？

实验6　葡萄糖-6-磷酸脱氢酶（G6PDH）活性测定

一、实验原理

戊糖磷酸途径又称戊糖支路、己糖单磷酸途径、磷酸葡萄糖酸氧化途径及戊糖磷酸循环。葡萄糖-6-磷酸脱氢酶（G6PDH）是磷酸戊糖途径的限速酶，控制着这条途径的碳流和还原力NADPH的产生；在动物中，其被誉为细胞内的管家酶。G6PDH催化产生的NADPH不仅为细胞内某些生物大分子的合成提供了还原力，而且是GSH从它的氧化形式（GSSG）再生的唯一还原力，因此，G6PDH在细胞抵抗氧化胁迫的过程中起着重要的作用。大量的研究报道证实，G6PDH的活性涉及动植物细胞内许多生理生化功能和对不同环境胁迫耐受的过程，因此，探究G6PDH对植物胁迫的耐受和应答机制具有重要的理论和实践意义。

G6PDH的活性可根据NADPH产生的速率来测定。因为磷酸戊糖途径的第二个酶，即6-磷酸葡萄糖酸脱氢酶（6PGDH）也能形成NADPH，因此，为了准确地得到G6PDH的活性，我们测定了6PGDH和总G6PDH+6PGDH的活性，利用两者之差计算得出G6PDH的酶活性。

二、实验目的

（1）掌握G6PDH活性的测定方法；

（2）了解G6PDH在植物发育与逆境适应中的功能及机理。

三、实验仪器与试剂

1. 实验仪器

低温离心机、分光光度计、研钵、制冰机、秒表等。

2. 实验试剂

（1）粗酶提取液：50 mmol/L Hepes-Tris（pH 7.8）、3 mmol/L $MgCl_2$、1 mmol/L EDTA、1 mmol/L PMSF、1 mmol/L DTT。

（2）（G6PDH+6PGDH）活性测定反应液：50 mmol/L Hepes-Tris（pH7.8）、3.3 mmol/L $MgCl_2$、0.5 mmol/L D-glucose-6-phosphate disodium salt、0.5 mmol/L 6-phosphogluconate。

（3）6PGDH活性测定反应液：50 mmol/L Hepes-Tris（pH 7.8）、3.3 mmol/L $MgCl_2$、0.5 mmol/L 6-phosphogluconate。

（4）0.5 mmol/L $NADPNa_2$。

四、实验材料

正常生长的植物材料和经过某种胁迫处理的材料。

五、实验步骤

（1）取0.3 g新鲜植物材料，用1.0 mL预冷的粗酶提取液研磨成匀浆，于4 ℃，12000 *g*离心15 min。上清液即为粗酶液。

（2）取100 μL粗酶液，加入3.0 mL G6PDH与6PGDH总酶活性测定反应液或6-磷酸葡萄糖酸反应液，然后用0.5 mmol/L $NADPNa_2$启动反应，记录起始反应5 min内340 nm波长处吸光值的变化（消光系数为6.22 L/mmol·cm），每30 s记录1次。

六、结果计算

根据消光系数、溶液的蛋白含量或植物干鲜质量计算出G6PDH的活性，单位为mmol/min·mg或mmol/min·g。

七、思考题

G6PDH在植物发育及逆境响应中的功能及分子机制是什么？

四、植物激素

实验1　细胞分裂素对萝卜子叶增大和叶绿素合成的影响

一、实验原理

细胞分裂素（cytokinin，CTK）具有促进细胞分裂、控制组织的形态建成、延迟衰老、促进营养物质移动、促进细胞扩大、促进侧芽发育、参与叶绿体生物发生等重要的作用。天然的CTK包括玉米素、二氢玉米素、异戊烯基腺苷、6-糠基氨基嘌呤。6-苄基腺嘌呤（6-BA）为人工合成的细胞分裂素。在一定的浓度范围内，萝卜子叶的增大和细胞分裂素浓度的对数成正比。本实验使用具有细胞分裂素类作用的植物生长调节剂6-BA来研究细胞分裂素对萝卜子叶增大和叶绿素合成的作用。

二、实验目的

了解光、暗条件下，细胞分裂素对萝卜子叶增大和叶绿素合成的作用。

三、实验仪器与试剂

1.实验仪器

分析天平、培养皿、光照培养箱、离心机、分光光度计等。

2.实验药品

100 mg/L 6-BA。

四、实验材料

暗处萌发3 d的萝卜子叶。

五、实验步骤

（1）将100 mg/L 6-BA母液稀释成10 μg/L、100 μg/L、1000 μg/L、10000 μg/L 4个浓度梯度，另外设置对照组（不加6-BA）。

（2）将稀释好的6-BA溶液分别加入事先铺好滤纸的培养皿（90 mm）中，并使滤纸完全浸湿，每个培养皿约7 mL，每个浓度点准备6个培养皿，3个用于光处理，3个用于暗处理。

（3）取生长一致的萝卜子叶（大子叶或小子叶），每个培养皿放入20片，并使每个培养皿中的萝卜子叶的放置方向保持一致，子叶放入培养皿之前称质量（m_1）。

（4）将培养皿盖上盖子，封口膜封口，光/暗培养，24 h后取出子叶，用滤纸吸干其水分，并称质量（m_2）。

（5）按叶绿素提取方法提取萝卜子叶中的叶绿素，测定叶绿素含量。

六、结果计算

以6-BA浓度为横坐标，子叶平均增加的质量或叶绿素含量为纵坐标做图；同时对萝卜子叶进行拍照。

七、思考题

细胞分类素引起萝卜子叶增大的分子机理是什么？

实验2　赤霉素对α-淀粉酶诱导合成的影响

一、实验原理

淀粉性种子在萌动过程中，胚释放出来的赤霉素（gibberellins，GA）能诱导糊粉层细胞中α-淀粉酶基因的表达，引起α-淀粉酶生物合成，并分泌到胚乳中催化淀粉水解为糖。通过碘试法可比色测定淀粉在酶催化反应过程中的消耗量，进而定量分析α-淀粉酶的活力。

二、实验目的

掌握α-淀粉酶活性的测定方法。

三、实验仪器与试剂

1. 实验仪器

恒温摇床、磁力搅拌器、分光光度计、7 mL离心管、移液器、烧杯、量筒、刀片等。

2. 实验试剂

（1）1% 次氯酸钠溶液。

（2）0.1% 淀粉磷酸盐溶液：淀粉1.0 g，KH_2PO_4 8.16 g配成1000 mL溶液。

（3）2×10^{-5} mol/L 赤霉素溶液：赤霉素6.8 mg溶于少量95% 乙醇中，再配成1000 mL，然后稀释成2×10^{-6} mol/L、2×10^{-7} mol/L、2×10^{-8} mol/L 3组溶液。

（4）10^{-3} mol/L 醋酸缓冲液（pH 4.8）：取2 mL 0.2 mol/L 的醋酸（11.55 mL冰醋酸稀释至1000 mL）、3 mL 0.2 mol/L的醋酸钠（16.4 g 无水醋酸钠或27.2 g 三水醋酸钠配成1000 mL）和1.0 g 链霉素，定容至1000 mL，每毫升缓冲液中含链霉素1.0 mg。

（5）I_2-KI 溶液：0.6 g KI、0.06 g I_2 溶于1000 mL 0.05 mol/L HCl（浓盐酸为12 mol/L）中，避光搅拌至完全溶解。

四、实验材料

小麦与青稞种子。

五、实验步骤

（1）选取大小一致、健康的小麦或青稞种子150粒，置于1%次氯酸钠溶液中消毒10 min，无菌水冲洗5次，用刀片将每粒种子横切成两半，使之成无胚的半粒和有胚的半粒。

（2）取7 mL具盖离心管18支，按表4-1依次加入各种溶液和材料，使管中混合液的最终浓度分别为0、10^{-8} mol/L、10^{-7} mol/L、10^{-6} mol/L、10^{-5} mol/L（每个浓度3管），醋酸缓冲液为5×10^{-4} mol/L，链霉素含量为0.5 mg/mL，于25 ℃振荡培养48 h。

表4-1　GA处理液的配制

瓶号	GA溶液		醋酸缓冲液(mL)	实验材料
	浓度	用量(mL)		
1	0	1	1	10个无胚半粒
2	0	1	1	10个有胚半粒
3	10^{-8} mol/L	1	1	10个无胚半粒
4	10^{-7} mol/L	1	1	10个无胚半粒
5	10^{-6} mol/L	1	1	10个无胚半粒
6	10^{-5} mol/L	1	1	10个无胚半粒

（3）α-淀粉酶活性测定：从每个小管中吸取培养液0.1 mL，分别置于事先盛有1.9 mL淀粉磷酸盐的溶液中，摇匀，在30 ℃温箱或水浴中精确保温20 min，然后加入I_2-KI溶液2 mL，蒸馏水5 mL，充分摇匀，580 nm波长下测吸光值，以蒸馏水代替培养液作为空白对照。

根据标准曲线查出淀粉含量，以减少的淀粉量表示α-淀粉酶的活性。

（4）根据表4-2以不同淀粉含量（0～2 mg）绘制标准曲线。

表4-2　α-淀粉酶活性测定溶液配制

淀粉含量(mg)	0.1%淀粉磷酸盐溶液(mL)	水(mL)	I_2-KI溶液(mL)
0.0	0.0	2.0	2.0
0.5	0.5	1.5	2.0
1.0	1.0	1.0	2.0
1.5	1.5	0.5	2.0
2.0	2.0	0.0	2.0

六、结果计算

（1）以第一瓶为淀粉的原始量X。

（2）以第2～6瓶分别为反应后淀粉的剩余量Y。

（3）淀粉水解含量＝$[(X-Y)/X]\times100\%$。

七、思考题

简述ABA和GA在植物种子萌发中拮抗的分子机制是什么？

实验3　生长素与细胞分裂素对烟草愈伤组织根与芽分化的调控

一、实验原理

植物组织培养是指植物的任何器官、组织或细胞，在人工控制条件下，放在含有营养物质和植物生长调节物质的培养基中，使其生长、分化并形成完整植株的过程（图4–1）。其理论依据是植物细胞具有全能性。

愈伤组织：原指植物体的局部受到创伤刺激后，在伤口表面长出新生的组织；现多指切取植物体的一部分，置于含有生长素和细胞分裂素的培养基中培养，诱导产生的无定形组织团块，它由活的薄壁细胞组成（图4–2）。

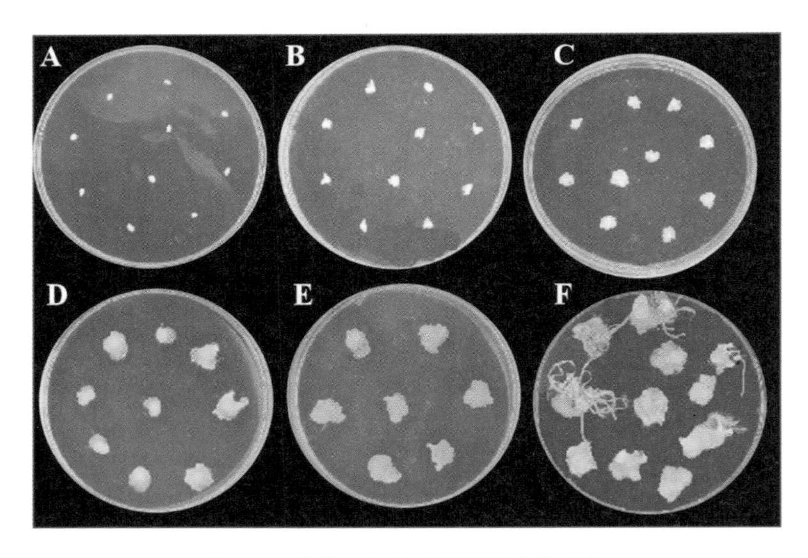

图4–1　愈伤组织的诱导及再分化过程

生长素（IAA）与细胞分裂素（CK）的比值大小会影响愈伤组织的形成与分化：比值高有利于根的分化，抑制芽的形成；比值低有利于芽的分化，抑制根的形成；比值适中有利于促进愈伤组织的形成。

植物组织培养的特点是：取材少，培养材料经济；可人为控制条件，不受自然条件影响；生长周期短；管理方便，利于自动化控制。组织培养不但是进行细胞学、遗传学、育种学、生物化学等学科研究的重要手段，而且在农学、园艺、林业和次生代谢产物工程等生产领域也得到了广泛的应用。

二、实验目的

（1）掌握MS培养基的配制方法；

（2）了解植物激素对植物愈伤组织形成的影响；

（3）观察光与愈伤组织形成的关系。

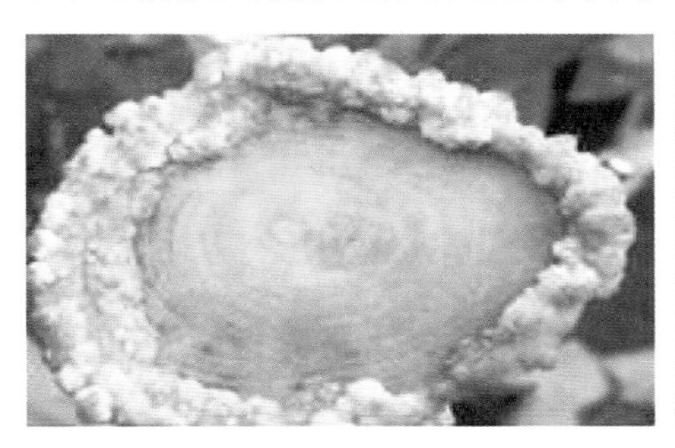
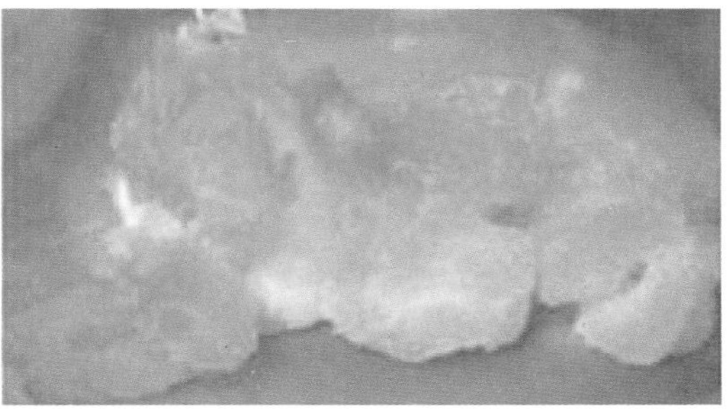

图4-2 植物愈伤组织的形态

三、实验仪器与试剂

1. 实验仪器

天平、量筒、烧杯、三角瓶、容量瓶、电炉、镊子、解剖刀、酒精灯、超净工作台、高压灭菌锅、pH计等。

2. 实验药品

（1）0.5 mg/mL 6-苄氨基嘌呤（6-BA）的配制（100 mL）：称取0.05 g 6-BA，先用少量稀碱（NaOH溶液）溶解后，再用蒸馏水定容至100 mL。

（2）0.5 mg/mL 2,4-二氯苯氧乙酸（2,4-D）的配制（100 mL）：称取0.05 g 2,4-D，先用少量无水乙醇溶解后，再用蒸馏水定容至100 mL。

（3）MS储备液（大量元素、微量元素、铁盐、有机溶液）的配制见表4-3。

（4）MS培养基的配制（1 L，pH 5.7）如下：

MS大量元素：50 mL；MS微量元素：5 mL；MS铁盐：5 mL；MS有机元素：5 mL；6-BA：按照具体工作浓度添加；2,4-D：按照具体工作浓度添加；蔗糖：30 g；琼脂：7 g。

表4-3　MS培养基储备液的配制

	成分	质量(g)	定容	注意
大量元素（20×）	KNO_3	38.0	1L	$CaCl_2 \cdot 2H_2O$与$MgSO_4 \cdot 7H_2O$要分别溶解后，再与其他溶液混合。
	NH_4NO_3	33.0		
	KH_2PO_4	3.4		
	$MgSO_4 \cdot 7H_2O$	7.4		
	$CaCl_2 \cdot 2H_2O$	8.8		
微量元素（200×）	KI	0.166	1 L	
	H_3BO_3	1.24		
	$MnSO_4 \cdot 4H_2O$	4.46 1水		
	$ZnSO_4 \cdot 7H_2O$	1.72		
	$Na_2MoO_4 \cdot 2H_2O$	0.05		
	$CuSO_4 \cdot 5H_2O$	0.005		
	$CoCl_2 \cdot 6H_2O$	0.005		
铁盐（200×）	Na_2-EDTA·$2H_2O$	7.46	1 L	$FeSO_4 \cdot 7H_2O$与Na_2-EDTA·$2H_2O$分别溶解后，然后再混合、定容。4 ℃储存。
	$FeSO_4 \cdot 7H_2O$	5.56		
有机成分（200×）	肌醇	20	1 L	4 ℃储存。
	甘氨酸	0.4		
	盐酸硫胺素 VB_1	0.1		
	盐酸吡哆醇 VB_6	0.1		
	烟酸 VB_3	0.1		

四、实验材料

烟草叶片。

五、实验步骤

1.培养基的配制（1 L）

（1）先在烧杯中加入一定量的蒸馏水后，再加入相应量的各MS母液（其计算方法为：要加入的母液的量＝待配培养基的量/母液的倍数），最后加入相应的激素（其计算方法为：要加入的激素的量＝待配培养基的量×培养基中所要求的激素浓度/激素母液的浓度，见表4-4）及相应的蔗糖。

（2）用稀 NaOH 或稀 HCl 调 pH 值到 5.8，然后将溶液定容到 1 L，并加热，待溶液加热到快沸腾时，将琼脂加入，边加边搅动，直到溶解。

（3）注意：pH 值对培养基的凝固情况和植物材料的生长影响很大，因此，培养基配好后，应该立即调培养基的 pH。

（4）将培养基分装入三角瓶中，体积为容器的 1/4 或 1/3，封口膜封好后，灭菌，冷却后备用。

表4-4　6-BA与2,4-D不同浓度配比

材　料	激　素	2,4-D和6-BA在不同诱导培养基中的终浓度(mg/L)							
烟草叶片	2,4-D	2.0	2.0	1.0	1.0	0.0	0.0	2.0	1.0
	6-BA	0.5	1.0	0.5	1.0	0.5	1.0	0.0	0.0
	6-BA/2,4-D	4/1	2/1	1/2	1/1	单一激素的作用			

2.材料的灭菌与接种

（1）取烟草叶片，用75%的乙醇消毒15～30 s，然后放入0.1%的升汞中消毒10 min，取出后用无菌水冲洗3～4次。

（2）将消毒后的叶片放到灭菌的培养皿中，用解剖刀切成5 mm²的小块，用镊子转入三角瓶，每瓶中放6～8块。

（3）做好标记，于培养室中培养，温度为(25 ± 2)℃，弱光为宜。

（4）培养。

（5）将每种激素配比的材料分成两份，一份于光下培养（16 h光/8 h暗），一份于暗处培养，以观察光照对愈伤组织形成的影响。

六、结果观察

接种4周后，记录外植体上愈伤组织的诱导及生长情况、根芽出现情况，加以比较与分析，并将结果记录于表4-5中（++++：非常绿、结构紧密；+++：较绿、结构较密；++：黄绿、结构较疏松；+：灰黄、结构疏松）。

表4-5　结果的统计与分析

激素浓度（mg/L）	编号	培养条件	接种总数	愈伤组织诱导率	愈伤组织状态	有无芽的出现	污染率
2,4-D:2.0 6-BA:0.5	1	光					
	2	暗					
2,4-D:2.0 6-BA:1.0	3	光					
	4	暗					
2,4-D:1.0 6-BA:0.5	5	光					
	6	暗					
2,4-D:1.0 6-BA:1.0	7	光					
	8	暗					
2,4-D:0.0 6-BA:0.5	9	光					
	10	暗					
2,4-D:0.0 6-BA:1.0	11	光					
	12	暗					
2,4-D:2.0 6-BA:0	13	光					
	14	暗					
2,4-D:1.0 6-BA:0	15	光					
	16	暗					

七、思考题

简述IAA和CK在植物组织脱分化和再分化中的生物学功能及调控机制是什么？

实验4 脱落酸与赤霉素对种子萌发的影响

一、实验原理

脱落酸（ABA）是一种重要的植物激素，在种子休眠与胚后发育中起着重要的调节作用，研究表明，ABA合成途径与信号途径的突变体会导致植物种子的胎萌现象（图4-3）。赤霉素（GA）可促进种子的萌发，研究发现，ABA通过抑制GA诱导的酶（如α-淀粉酶）的产生进而抑制种子的萌发，主要机制如图4-4所示。本实验验证了ABA与GA在调节种子萌发中的相互拮抗作用。

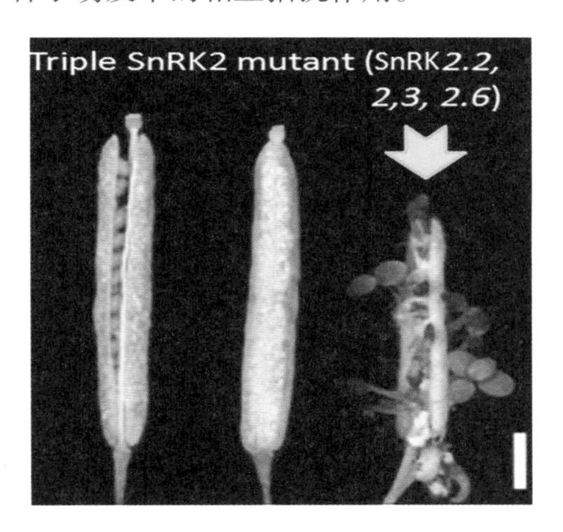

图4-3 ABA信号途径突变体的胎萌现象[11]

二、实验目的

了解ABA和GA在种子萌发中的生理功能与相互拮抗作用机制。

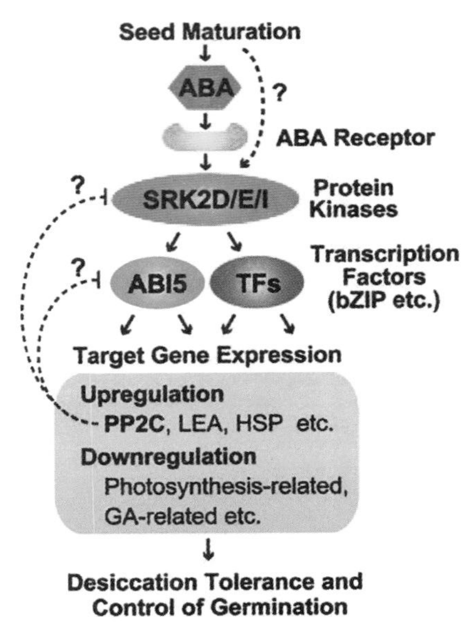

图4-4 ABA调节种子萌发的分子机制[11]

三、实验仪器与试剂

1. 实验仪器

培养皿、镊子、烧杯等。

2. 实验试剂

ABA母液：0.1 mmol/L ABA；GA母液：0.1 mmol/L GA。

四、实验材料

油菜种子。

五、实验步骤

（1）将ABA和GA母液稀释成10^{-4}、10^{-3}、10^{-2}、10^{-1} mmol/L 4个浓度梯度，另外设置不加激素的对照1个，每个浓度稀释为20 mL。

（2）将稀释好的激素溶液分别加入事先铺好滤纸的培养皿（90 mm）中，每个培养皿加6.6 mL，使滤纸完全浸湿，每个浓度点3个平行。

（3）取油菜种子，每个培养皿放入20～30粒，用镊子将种子分布均匀，盖上培养皿盖后，放在25 ℃的温箱中暗培养2 d。

六、结果计算

（1）按照表4-6分析不同浓度的ABA与GA对种子发芽率的影响。

（2）做图：将ABA浓度转换成对数为横坐标，以发芽率为纵坐标做图。

表4-6　结果的统计与分析

观察指标	激素浓度（mmol/L）								
	10^{-1}		10^{-2}		10^{-3}		10^{-4}		0
	ABA	GA	ABA	GA	ABA	GA	ABA	GA	
种子总数									
发芽种子数									
发芽率(%)									

（3）调查发芽率：胚根>种子半径。

七、思考题

ABA和GA参与种子萌发的分子机制是什么？其信号通路是怎样的？

实验5 气相色谱法测定乙烯含量

一、实验原理

气相色谱仪是以气体为流动相。当分析的多组分混合样品被注入仪器后，瞬间气化，样品由流动相载气所携带，经过装有固定相的色谱柱时，由于组分分子与色谱柱内部固定相分子间要发生吸附、脱附、溶解等过程，组分分子在两相间反复多次分配，使混合样品中的组分得到分离。被分离的组分顺序进入检测器系统，由检测器转换成电信号形成色谱图。

乙烯是植物体内的一种气体激素，广泛存在于植物体的各组织及器官中，在促进果实成熟、脱落、叶的偏上性、逆境适应等方面具有重要的调节作用。乙烯可通过气相色谱柱进行分离，通过氢火焰离子化检测器检测，外标法定量。

二、实验目的

（1）了解气相色谱仪的基本操作；

（2）了解气相色谱仪测定乙烯的原理。

三、实验仪器与试剂

1. 仪器设备

气相色谱仪附氢火焰离子化检测器（FID）。

2. 实验试剂

2×10^{-5} mg/L 或 20×10^{-6} mg/L 的乙烯标样。

四、实验材料

苹果、香蕉等果实。

五、实验步骤

1. 样品处理

将苹果或香蕉放入密封罐中，静置待乙烯气体释放并收集。

2. 测定

待仪器准备好后，将样品和标准溶液注入气相色谱中进行分析，以标准溶液峰的保留时间作为定性的依据，以其面积求出样品中被测定的乙烯的含量。

3. 色谱条件

色谱柱：毛细管柱；载气速度：1 mL/min；进样量：5 μL；进样口温度：130 ℃；检测器温度：230 ℃；柱温：80 ℃。

六、结果计算

根据表4-7计算乙烯的浓度。乙烯标样的浓度为 2×10^{-5} mg/L；果实中乙烯的浓度＝乙烯标样的总量 × 苹果的峰面积 / 乙烯标样的峰面积。

表4-7　气象色谱仪测定苹果的乙烯含量

名称	进样量	保留时间	峰面积
乙烯标样	10 μL		
苹果	20 μL		
香蕉	20 μL		

七、思考题

简述乙烯诱导衰老的分子机制是什么?

五、植物代谢

实验1　植物花青素含量的测定

一、实验原理

花青素是植物体内广泛分布的色素之一，属黄酮类化合物，黄酮类化合物在植物生长中起调节作用，已受到人们的重视。花青素的合成受到很多生物和非生物胁迫因子的影响。植物激素也参与到花青素合成的过程当中，比如生长素、脱落酸、赤霉素、细胞分裂素、乙烯对花青素的生物合成都有着不同的作用。细胞分裂素能够促进花青素的积累，在转录水平上，细胞分裂素能够上调花青素合成基因的表达。研究发现，脱落酸能够促进葡萄皮中花青素的积累，而生长素则抑制花青素的积累，脱落酸和生长素对花青素的调节是通过调节花青素生物合成的基因来实现的。乙烯参与到磷饥饿诱导的花青素的合成过程中，乙烯能够抑制糖诱导的花青素的积累。赤霉素参与低温诱导的花青素的积累过程。有关花青素的积累机理的研究，以及各个影响因子之间的关系，还有待进一步研究。

花青素在不同pH条件下，呈现不同的颜色，在酸性中为红色，其颜色深浅与花青素含量成比例，用比色法即可进行测定，方法简单易行。

二、实验目的

（1）掌握花青素含量的测定方法；

（2）了解逆境对花青素含量的影响。

三、实验仪器与试剂

1. 实验仪器

分光光度计、分析天平、高速冷冻离心机、4 ℃冰箱等。

2. 实验药品

（1）酸性甲醇：浓盐酸与甲醇体积比为1:99。

（2）三氯甲烷。

四、实验材料

正常生长的植物叶片和经过某种胁迫处理的植物叶片。

五、实验步骤

（1）称取0.2 g植物材料，加入600 μL酸性甲醇，4 ℃放置24 h。

（2）依次加入400 μL三氯甲烷，400 μL H_2O，混匀后于4 ℃，10000 g离心10 min，取上清液。

（3）然后加入上清液双倍体积的60%的酸性甲醇，测定530 nm处的吸光值。

六、结果计算

以酸性甲醇为空白对照，用光径1 cm的比色杯。当吸光值A_{530}为0.1时的花青素浓度定为1个单位，用于比较花青素的相对含量。

七、思考题

了解环境胁迫对花青素含量的影响并分析其主要的调控机制是什么？

实验2　植物组织中生物碱含量的测定

一、实验原理

生物碱是指天然的含氮有机化合物，但不包括氨基酸、蛋白质、核苷、卟啉、胆碱甲胺等。它的氮原子常在环上，生物碱多具有复杂环状结构和较强的生理活性，植物中的生物碱大多有明显的生理活性，如抗菌消炎、镇痛、抗癌活性、抗中毒性休克等作用，常常作为药材使用。了解植物总生物碱的测定方法，有助于控制中药材的质量，反映药材的疗效等。

生物碱大部分溶于有机溶剂，只有少数可溶于水。在植物体内，其常与酸结合成盐，所以提取时应先将植物材料与少量碱混合（如10%氨水），使生物碱转成游离状态后用有机溶剂提取。测定的方法主要有滴定法（直接滴定法和回滴法）、酸性染料比色法和导数分光光度法。本实验用分光光度法，以荷叶为例，以溴甲酚绿缓冲液作为显色剂，以荷叶碱作为对照，测定荷叶中总生物碱的含量。

二、实验目的

了解植物总生物碱的测定方法。

三、实验仪器与试剂

1. 实验仪器

分光光度计、电子天平、旋转蒸发仪。

2. 实验药品

（1）荷叶碱，乙醚，三氯甲烷。

（2）溴甲酚绿溶液：称取溴甲酚绿125 mg，用12.5 mL 0.2 mmol/L NaOH溶解，加入邻苯二甲酸氢钾2.5 mg，定容到250 mL。

（3）0.2 mol/L氢氧化钠溶液。

四、实验材料

荷叶。

五、实验步骤

1. 溶液的制备

精确称取荷叶碱10 mg，置于25 mL容量瓶中，用三氯甲烷溶解并定容，吸取2.5 mL上述荷叶碱溶液于25 mL容量瓶中，用三氯甲烷定容至刻度。

2. 供试品溶液的制备

取10 g荷叶粉末，用pH 3～4的盐酸溶液恒温提取10 h，过滤，得红棕色滤液，将滤液真空浓缩到一定体积，再过滤，得到的第二次滤液用氯仿萃取两次，以除去脂肪烃及树脂类杂质，水层调pH至6～7，过滤以除去鞣质及鞣酸盐类杂质，继续加碱液至pH为9左右，即得荷叶生物碱提取液，经旋转蒸发仪蒸发浓缩成10 mL浓缩液，待用。

3. 标准曲线制作

分别吸取0、0.5、1.0、1.5、2.0、2.5 mL对照品溶液于试管中，加三氯甲烷至5 mL，摇匀，移至分液漏斗中，加入溴甲酚绿缓冲液和0.2 mol/L NaOH各1 mL，摇匀，静置，上清液于415 nm波长处测定，以浓度为纵坐标，吸光值为横坐标，制作标准曲线。

4. 荷叶总生物碱的测定

取3批荷叶，以三氯甲烷加溴甲酚绿缓冲液和0.2 mol/L NaOH溶液为空白，按照步骤3标准品含量测定程序测定荷叶总生物碱含量。

六、结果计算

$$\text{生物碱含量（μmol/g）} = C \times V/m$$

式中：C为从标准曲线上查得的生物碱浓度（μmol/mL）；V为样品体积（mL）；m为样品质量（g）。

七、注意事项

（1）不同植物的生物碱种类不同，其提取方法应有所区别。

（2）如果选取的显色染料不同，测定波长时需要重新扫描。

实验3 植物组织中淀粉含量的测定

一、实验原理

淀粉是植物细胞中最重要的多糖，主要由支链淀粉和直链淀粉组成。支链淀粉是水不溶性的；直链淀粉是水溶性的，植物组织中的淀粉大部分是以支链淀粉的形式存在的。淀粉用盐酸水解转化成葡萄糖后，测定葡萄糖含量，根据葡萄糖含量可换算成淀粉含量。

二、实验目的

掌握植物组织中淀粉含量测定的原理和方法。

三、实验仪器与试剂

1. 实验仪器

电子天平、容量瓶、漏斗、小试管、电炉、分光光度计等。

2. 实验药品

（1）葡萄糖标准液（1 mg/mL），80% 乙醇，6 mol/L 盐酸，10% NaOH。

（2）蒽酮试剂：150 mg蒽酮溶于100 mL稀硫酸。

（3）碘化钾-碘溶液：称取20 g碘化钾、10 g碘溶于100 mL蒸馏水中，使用前需稀释10倍。

（4）酚酞试剂：1 g酚酞溶于100 mL 95% 乙醇中。

四、实验材料

植物组织。

五、实验步骤

1. 样品处理

称取2.0 g植物材料，用80%乙醇提取3次，以除去可溶性糖，剩余的残渣进行淀粉的水解实验。

2. 淀粉的水解

取上述全部残渣，放入100 mL三角瓶中，加入10 mL 6 mol/L的盐酸，混匀，在沸水浴中加热10～30 min（用碘试剂检查淀粉水解程度，直至不显蓝色为止），再加20 mL蒸馏水，摇匀并过滤于100 mL容量瓶中，过滤后残渣再用蒸馏水冲洗3次，一并过滤入容量瓶，定容至100 mL。准确取出10 mL滤液置入250 mL容量瓶中，加2滴酚酞，用10% NaOH中和至微红色，用蒸馏水定容至250 mL，待测。

3. 还原糖含量测定

取100 μL上述提取液，加入3 mL蒽酮试剂，90 ℃保温15 min，冷却后于620 nm处测吸光值。

4. 标准曲线的绘制

根据步骤3，用20～100 μg的葡萄糖标准液（1 mg/mL）同法测定。

六、结果计算

根据待测液的吸光值从标准曲线中查出其相应的还原糖含量，然后计算样品中还原糖（葡萄糖）含量和淀粉含量的百分率。

$$粗淀粉含量（\%）=葡萄糖含量\times 0.9$$

式中：系数0.9依据淀粉$(C_6H_{10}O_5)_n$水解时吸收n个分子的水换算得来。

六、植物生长发育

实验1 光形态建成抑制因子PIFs在诱导拟南芥下胚轴伸长中的作用

一、实验原理

光对植物的影响方式包括间接作用和直接作用。间接作用是光以能量的方式影响植物的生长发育，植物的光合作用把光能转化为化学能储藏起来以供其他代谢、生长发育需要；直接作用是光以环境信息（信号）的形式作用于植物，调节植物的分化、生长和发育，使其更好地适应外界环境。

光形态建成是指光参与调节植物的分化、生长和发育的过程；这种调节通过生物膜系统结构、透性的变化和基因表达的变化促成了细胞分化、结构和功能的变化，最终影响组织和器官建成。光形态建成可促进幼叶的展开，抑制茎的生长；黑暗中生长的植物幼苗特点为植株瘦长，茎细长而脆弱，机械组织不发达，顶端呈弯钩形，节间很长，叶片细小，不能展开，为黄白色，光可逆转上述现象。

PIFs（phytochrome interacting factor）是一种能与光敏色素相互作用的转录因子，具有基本的螺旋-环-螺旋结构，它是光敏色素信号通路的负调节因子，在植物的生长和发育中有着重要的调节作用，因此，PIFs转录因子在光形态建成中起重要的调节作用。PIFs在调节种子的萌发、幼苗的脱黄化、避荫反应、叶绿体的发育以及开花时间等过程中都有着重要的作用。

采用酵母双杂交技术，利用phyB的C末端作为诱饵首先分离得到PIF3，随后发现PIF3也能和phyA相结合；后来又发现了PIF1、PIF4、PIF5转录因子。所有的PIFs都具有APB结合位点，该位点在PIF家族中是保守的，且是PIFs与光敏色素相互作用的活性位点（图6-1）。PIF1和PIF3一样，还具有和phyA的结合位点（APA），但APA在PIF1和PIF3中是不保守的；而PIF4和PIF5不具有该结构域。

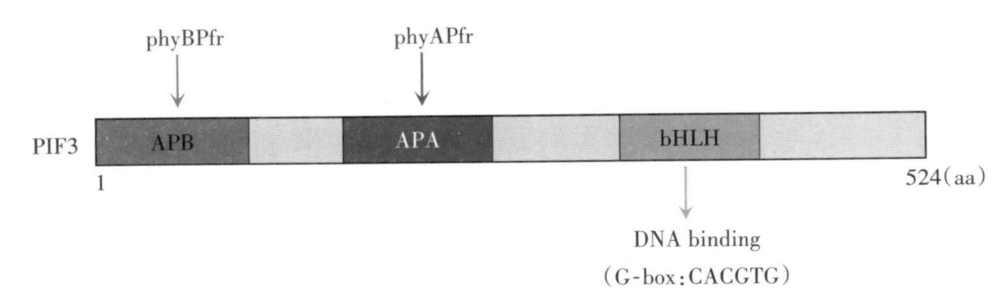

图6-1 具有螺旋-环-螺旋结构（bHLH）的PIF3转录因子蛋白结构

该图展示了bHLH结构域、phyB结合位点（APB）和phyA结合位点（APA）。在拟南芥中，PIFs的bHLH结构域可与含有保守的G-box的DNA序列相结合[12]。

在暗处，光敏色素和PIF分别定位在细胞质和细胞核中。而光照后，光敏色素转移到细胞核中，和PIF相结合，影响PIF稳定性从而抑制其活性。研究表明：光敏色素活化后，由细胞质转移到细胞核内，与PIFs结合，诱使PIFs通过蛋白酶体进行泛素化降解，而PIFs含量的减少导致了光形态建成的发生（图6-2）。phy-PIFs信号通路中受调节的基因已经得到确认。

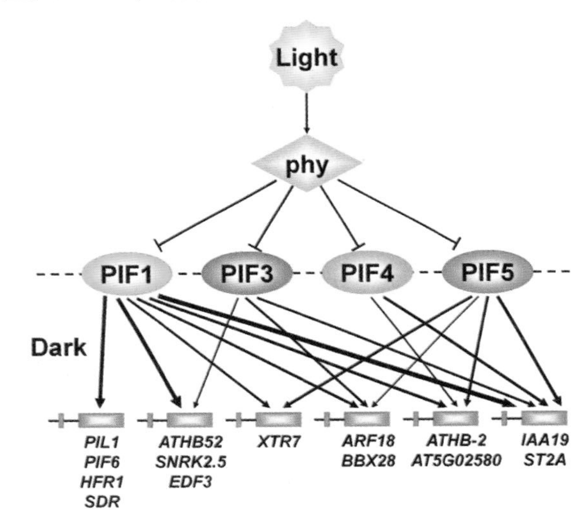

图6-2 PIFs在光敏色素介导的光信号通路中的重要作用[13]

PIF1、PIF3、PIF4、PIF5转录因子通过与光形态建成相关基因启动子序列的G-box（CACGTG）结合调控这些基因的转录。由于PIFs的单基因突变体在光形态建成过程中起到的影响非常小，而双突变及三突变的影响越来越明显，说明PIFs在光形态建成的通路中部分功能是冗余的（图6-3）。但值得注意的是，虽然光能够对PIFs降解，但在光下PIFs不会完全消失，它只是维持在一个相对低的稳定的水平，当幼苗转到暗处，PIFs会重新积累。

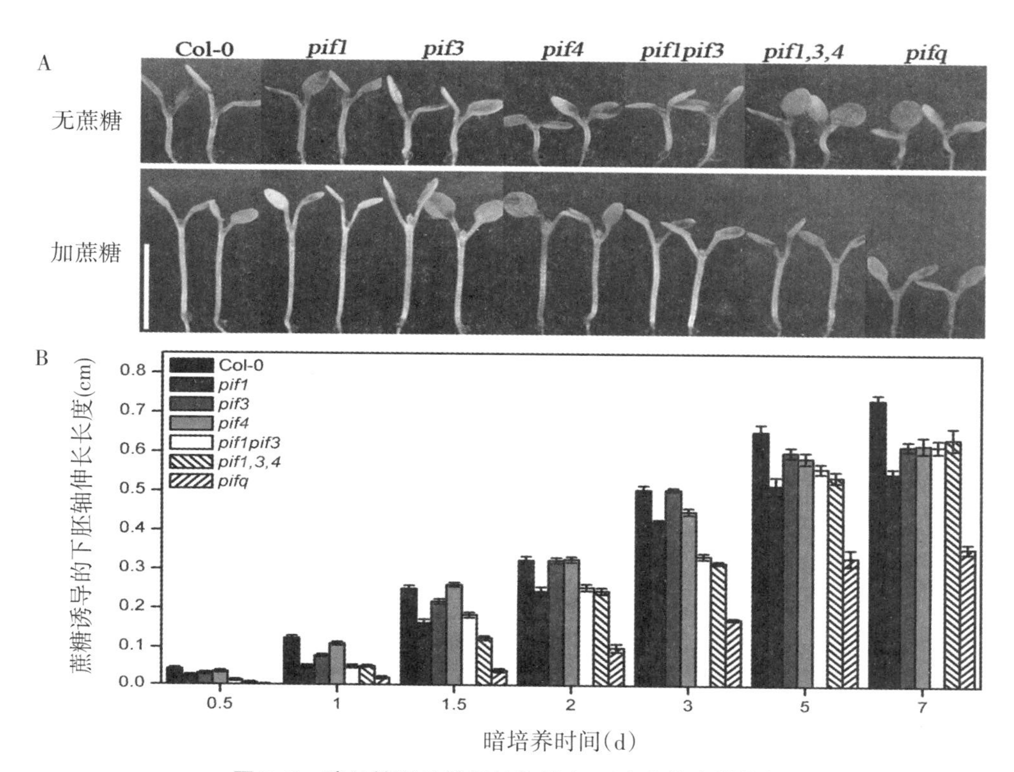

图6-3 暗处糖诱导的胚轴伸长在pif突变体中被抑制

*pif*1、*pif*3、*pif*4、*pif*1，3、*pif*1，3，4、*pifq* 和Col-0幼苗在连续光照下生长4 d，然后放暗处0、0.5、1、1.5、2、3、5和7 d，分别测量胚轴长度[14]。

二、实验目的

理解PIF在调控植物下胚轴伸长中的作用及分子机制。

三、仪器设备及试剂

1. 实验仪器

光照培养箱、灭菌锅、pH计、电炉子、超净工作台等。

2. 实验药品

（1）75%乙醇和100%乙醇。

（2）MS培养基配制：MS培养基为3.44 g，MES为0.4 g，琼脂为6.0 g，蔗糖加或不加，用NaOH或HCl调pH为5.7，定容至800 mL。

四、实验材料

拟南芥野生型Col-0、*pifq*（*pif*1，3，4，5）。

五、实验步骤

（1）拟南芥Col-0、*pifq*种子用75%酒精消毒8～10 min，100%酒精浸泡4 min，然后用无菌水冲洗3～5次，按照图6-4分别点到含有蔗糖（+sucrose）与不含蔗糖（-sucrose）的1/2 MS固体培养基上。

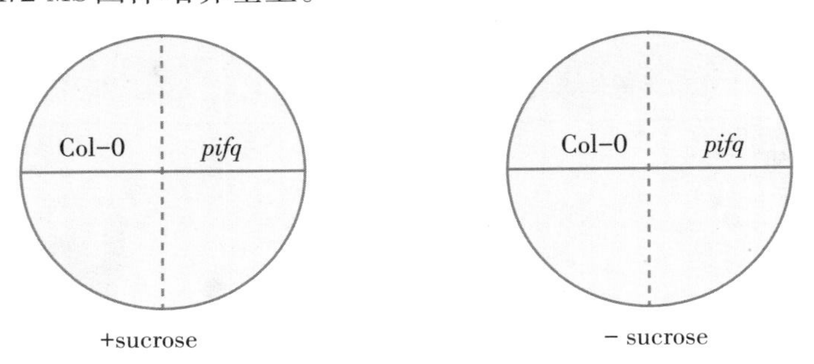

图6-4　PIFs在诱导拟南芥下胚轴伸长中的作用实验设计

（2）4 ℃暗处放置24 h，然后放培养间23 ℃连续光照下培养4 d，暗处理5 d后，测定拟南芥下胚轴长度，垂直培养。

六、结果计算

对拟南芥幼苗拍照，用Image J软件统计胚轴长度，并做图。

七、思考题

光敏色素和PIF转录因子参与植物形态建成的调控网络及机制是什么？

实验2　种子活力的快速测定

一、实验原理

TTC（2,3,5-三苯基氯化四氮唑）法：活种子的胚在呼吸作用过程中能进行氧化还原反应，产生还原力，而死种子则无此反应。当TTC渗入活种子胚细胞内作为氢受体而被脱氢辅酶（NADH或NADPH）上的氢还原时，无色的TTC转变为红色的三苯基甲腙（TTF）；如果胚死亡或胚生活力衰退，则不能染色或染色较浅，因此，可以根据胚染色的部位或染色的深浅程度来鉴定种子的活力。

红墨水染色法：活种子细胞的原生质膜具有选择性吸收物质的性质，而死种子的胚细胞原生质膜则丧失此性质，于是染料进入死细胞而染色。

二、实验目的

掌握TTC法和红墨水染色法快速测定种子活力的原理和方法。

三、实验仪器与试剂

1. 实验仪器

恒温培养箱、刀片、烧杯、量筒等。

2. 实验试剂

0.3% TTC、5% 红墨水。

四、实验材料

玉米与小麦种子。

五、实验步骤

1. TTC法

（1）将玉米、小麦种子用温水（30～35 ℃）浸泡3～6 h，使种子充分吸胀。

（2）随机取种子30粒，沿种胚中央准确切开，其中一半置于培养皿中，加入0.3% TTC，以覆盖种子为宜，置于30 ℃观察培养箱中培养30 min；另30半粒玉米置于沸水中2 min以杀死胚，同样加入0.3% TTC置于30 ℃培养箱中染色处理作为对照观察。

（3）倒出TTC溶液，再用清水将种子冲洗2次，观察种胚被染色的情况。

（4）观察：种胚显红色则为活种子，而不能染色或染色较浅的为死种子。

2. 红墨水染色法

（1）同样，分别取吸胀的玉米、小麦种子30粒，用刀片沿胚的中心线纵切为两半。

（2）其中一半置于培养皿中，加入5%红墨水，以覆盖种子为宜，置于30 ℃培养箱中培养10 min，染色后倒去红墨水并用水冲洗多次至冲洗液无色为止。另30半粒玉米置于沸水中2 min以杀死胚，同样加入5%红墨水置于30 ℃培养箱中染色处理作为对照观察。

（3）观察：凡种胚不着色或着色很浅的为活种子，种胚与胚乳着色程度相同的为死种子。

六、结果计算

（1）种子活力（%）=（有活力的种子数/种子总数）× 100%。

（2）TTC法：活种子百分率（%）=（染成红色种子数 / 种子总数）× 100%。

（3）红墨水法：活种子百分率（%）=（不着色或着色很浅的种子数 / 种子总数）× 100%。

实验3　光质对种子萌发的影响

一、实验原理

有些植物种子萌发时除了水分、温度和氧气之外，还需要光，这类种子称为需光种子。自然光能促进其萌发，不同波长的光对其萌发的作用不同，660 nm的红光促进萌发，而730 nm的远红光对萌发比黑暗处理有更强的抑制作用。红光照射后再用远红光处理，红光的作用被消除，若用红光与远红光交替多次处理，则种子的萌发状态取决于最后一次使用光的波长。

二、实验目的

观察不同光质对种子萌发的调节作用。

三、实验仪器

暗室、铝箔、培养箱、蓝光装置（25 W白炽灯泡覆盖15 cm×15 cm的蓝色玻璃纸）、红光源（100 W白炽灯泡覆盖15 cm×15 cm的红色玻璃纸，距种子0～45 cm照射）、远红光源（100 W白炽灯泡覆盖15 cm×15 cm的远红光干涉玻璃纸，距种子10～15 cm照射）、白光源（100 W白炽灯泡，距种子30～45 cm照射）。

四、实验材料

莴苣种子。

五、实验步骤

（1）取直径9 cm的培养皿5个（1～5号），内垫一张直径9 cm的滤纸，用蒸馏水浸湿。

（2）在暗室蓝光下，用镊子取暗中吸胀4～5 h的莴苣种子，每个培养皿中放50粒，盖好盖子，覆盖铝箔。其中1号培养皿中的种子作为黑暗对照。

（3）将2、4、5号培养皿打开，红光照射4 min后，移开培养皿立即加盖，覆盖铝箔遮光。

（4）将3、4号培养皿打开，远红光照射8 min后，移开培养皿立即加盖，覆盖铝箔遮光。

（5）将4号培养皿打开，红光照射4 min后，移开培养皿立即加盖，覆盖铝箔遮光。

（6）将5号培养皿打开，白光照射4 min后，移开培养皿立即加盖，覆盖铝箔遮光。

（7）将5个培养皿全部置于黑暗下（暗室或培养箱中），15～20 ℃培养72 h后测定萌发百分率（以根部有明显凸起作为萌发标记），并分析其产生差异的原因。

六、思考题

简述光参与种子萌发的分子机制是什么？

实验4　花粉萌发和花粉活力的测定

一、实验原理

正常的成熟花粉粒具有较强的活力，在适宜的培养条件下便能萌发和生长，在显微镜下可直接观察并计算其萌发率，以确定其活力。

二、实验目的

（1）观察花粉的形态与花粉的萌发。

（2）掌握花粉活力的测定方法。

三、实验仪器与试剂

1. 实验仪器

载玻片、显微镜、玻璃棒、恒温箱、培养皿等。

2. 实验试剂

培养基：称100 g蔗糖，10 mg硼酸，5 g琼脂与900 mL水放入烧杯中，煮沸将琼脂溶解，冷却后加水至1000 mL备用。

四、实验材料

校园里植物刚开放或将要开放的成熟花朵。

五、实验步骤

（1）用玻璃棒蘸少许培养基，涂布在载玻片上，放入垫有湿润滤纸的培养皿中，保湿备用。

（2）将花粉撒落在涂有培养基的载玻片上，然后将载玻片放置于垫有湿滤纸的培养皿中，在20～25 ℃左右的恒温箱中孵育，5～10 min后，在显微镜下检查5个视野，统计其萌发率。

六、结果计算

花粉的萌发速率＝视野中萌发的花粉数 / 视野中花粉总数 / 时间

七、注意事项

（1）不同种类植物的花粉萌发所需温度、蔗糖和硼酸浓度不同，应依植物种类而改变培养条件。

（2）此法也可用于观察花粉管在培养基上的生长速度以及不同蔗糖浓度、离体时间、环境条件等因素对花粉活力的影响。

（3）不是所有植物的花粉都能在此培养基上萌发，本法适用于易于萌发的葫芦科等植物花粉活力的测定。

实验5　种子中蛋白含量的测定

一、实验原理

植物种子中含有丰富的储藏蛋白，主要分布在胚乳或子叶中。根据蛋白质组分在不同溶剂中的溶解性，用蒸馏水、稀盐和乙二醇提取种子中的清蛋白、球蛋白和可溶性蛋白，不溶性的谷蛋白用稀碱提取。收集提取液后用G250法测定蛋白含量。

二、实验目的

掌握种子总蛋白含量的测定方法。

三、实验仪器与试剂

1. 实验仪器

低温离心机、分光光度计、研钵、试管、pH计、天平、制冰机等。

2. 实验药品

（1）蛋白提取缓冲液按照表6-1配制。

表6-1　蛋白提取缓冲液

成分	工作浓度
Hepes	50 mmol/L
$MgCl_2$	5 mmol/L
*DTT	5 mmol/L
*PMSF	1 mmol/L
EDTA	1 mmol/L
乙二醇	10%

注：*代表现用现加；用NaOH调pH至7.8。

（2）考马斯亮蓝G250：0.1 g G250，100 mL 95% 乙醇，50 mL 标准磷酸，定容至1000 mL，过滤后避光保存。

（3）1 mol/L NaOH。

（4）PVPP。

（5）标准牛血清蛋白溶液：1000 μg/mL。

四、实验材料

成熟的植物种子。

五、实验步骤

1.样品的测定

（1）称取不同处理的待测植物材料种子0.1 g，在液氮中磨碎后，加入 200 μL 提取缓冲液。

（2）加入少许不溶性PVPP，用来吸附样品中富含的酮、醌类物质。

（3）4 ℃，17530 *g* 离心 10 min。

（4）轻轻吸取上清液至新的1.5 mL离心管中。

（5）吸去10 μL上清液，加入90 μL提取液、3 mL 考马斯亮蓝染液，在 595 nm 测定吸光值，以100 μL提取液加入3 mL 考马斯亮蓝染液为空白对照。

（6）非可溶性蛋白含量的测定：向第3步得到的沉淀中加入200 μL 1 mol/L 氢氧化钠溶液，充分提取后，按照上述方法进行蛋白含量分析。

2.标准曲线的制作

按表6-2配制牛血清蛋白梯度溶液各1 mL。吸取各溶液0.1 mL于试管中，加入3 mL考马斯亮蓝G250，振荡摇匀，于595 nm比色，绘制标准曲线。

表6-2　蛋白标准曲线的制备

BSA浓度（μg/mL）	BSA标准液（mL）	水（mL）
0	0.0	1.0
100	0.1	0.9
200	0.2	0.8
300	0.3	0.7
400	0.4	0.6
500	0.5	0.5

六、结果计算

根据标准曲线计算出蛋白质的浓度，然后换算出样品中蛋白质的含量。

蛋白含量（ng）＝查得的蛋白质含量（ng）×提取液总体积（mL）/测定时提取液体积（mL），也可根据种子的质量换算成每粒种子中蛋白的含量。

总的蛋白含量＝可溶性蛋白含量+非可溶性蛋白含量。

七、思考题

简述影响种子中蛋白含量的因素及机制有哪些？

实验6 脂肪酸含量的测定

一、实验原理

脂肪酸是由C、H、O组成的有机物，通式是$C_nH_{2n+1}COOH$。脂类的物理特性取决于脂肪酸的饱和程度和碳链的长度。

气相色谱以气体作为流动相，用固体吸附剂或液体作为固定相，它利用样品中各组分在色谱柱中的气相和固定液相间的分配系数不同，当汽化后的样品被载气带入色谱柱中运行时，组分就在其中的两相间进行反复多次的分配。利用固定相对各组分的吸附能力不同及各组分在色谱中的运行速度不同，将样品中的各组分完全分离。由于脂肪酸类成分多是以甘油脂肪酸酯的形式存在，样品要经过甲酯化处理以提高样品的挥发性，进而改善色谱峰形状以分析不同脂肪酸的含量。

二、实验目的

（1）掌握利用气相色谱法分析植物组织中脂肪酸的含量；

（2）了解不同植物组织中脂肪酸的种类及含量差异。

三、实验仪器与试剂

1. 实验仪器

研钵、棕色小玻璃瓶、枪头、水浴锅、离心机、气相色谱仪等。

2. 实验药品

氯仿、甲醇、乙酸、水、磷酸、硫酸、正己烷、脂肪酸甲酯混合标准品。

四、实验材料

植物叶片或种子。

五、实验步骤

（1）取拟南芥种子100粒（叶片0.1 g）于小玻璃瓶中，加入500 μL提取液（氯仿：甲醇：乙酸：水＝10：10：1：1）充分研磨。

（2）研磨充分的样品在 -20 ℃冰箱过夜后加入184 μL提取液（氯仿：甲醇：水＝5：5：1）和125 μL Hajra solution（2 mol/L KCl 和 0.2 mol/L H_3PO_4），混匀后4 ℃，850 *g* 离心 5 min。

（3）吸取下层有机相于新的玻璃瓶中，加入 2 mL 甲醇–硫酸溶液（甲醇：硫酸＝100：2.5）后旋紧盖子，在 80 ℃水浴 30 min 后加入 450 μL 正己烷和 1.5 mL 双蒸水充分混匀。

（4）4 ℃，850 *g* 离心 5 min，取 1 μL 于气相色谱仪（GC1300 - ISQ）上样分析。

（5）脂肪酸甲酯混合标准品母液用正己烷稀释至不同浓度后和样品一起上样分析并制作标准曲线。

六、结果计算

根据标准曲线计算出每种脂肪酸的浓度，然后换算出样品中脂肪酸的含量（ng/g或者ng/每粒种子）。

七、思考题

简述植物组织中脂肪酸的合成过程及调控机制是什么？

七、植物逆境生理

实验1 逆境对植物膜系统的影响

实验1-1 质膜透性的测定（电导率法）

一、实验原理

植物细胞膜对维持细胞的微环境和正常的代谢起着重要的作用。在正常情况下，细胞膜对物质具有选择透性能力。当植物受到逆境影响时，如高温或低温、干旱、盐渍、病原菌侵染后，细胞膜遭到破坏，膜透性增大，从而使细胞内的电解质外渗，以致植物细胞浸提液的电导率增大。膜透性增大的程度与逆境胁迫强度有关，也与植物抗逆性的强弱有关。因此，比较不同作物或同一作物不同品种在相同胁迫条件下膜透性的增大程度，即可比较作物间或品种间的抗逆性强弱，因此，电导率法目前已成为作物抗性栽培、育种上鉴定植物抗逆性强弱的一个精确而实用的方法。

二、实验目的

（1）掌握植物组织电导率的测定方法；

（2）了解逆境对植物透性的影响。

三、仪器设备

电导仪、恒温振荡箱、水浴锅等。

四、实验材料

正常生长的植物材料和经过某种胁迫处理的材料。

五、实验步骤

（1）称取0.2 g对照和胁迫处理的植物材料，切成约1 cm小段。

（2）用双蒸水冲洗3遍以除去表面黏附的电解质。

（3）加10 mL双蒸水，25 ℃振荡温育1 h，测定此时的电导率为C_1。

（4）将盛有样品的试管封口，沸水浴15 min，冷却到室温后，测定此时的电导率为C_2。

（5）相对电导率根据公式计算得出：相对电导率（%）＝（$C_1 - C_0$）/（$C_2 - C_0$）×100（C_0为双蒸水的电导率）。

六、思考题

简述逆境对植物质膜透性的影响及该指标的应用。

实验1-2　膜脂质过氧化程度的测定

一、实验原理

植物器官衰老或在逆境下遭受伤害，往往发生膜脂过氧化作用，丙二醛（MDA）是膜脂过氧化作用的最终分解产物，其含量可以反映植物遭受逆境伤害的程度。丙二醛在酸性和高温条件下，可以与硫代巴比妥酸（TBA）反应生成红棕色的3,5,5-三甲基恶唑-2,4-二酮，在535 nm处有最大光吸收，在600 nm处有最小光吸收。

二、实验目的

（1）掌握植物组织膜透性的测定方法；

（2）了解逆境对植物膜脂质过氧化的影响。

三、实验仪器与试剂

1. 实验仪器

分光光度计、研钵、容量瓶、试管、胶头滴管、电磁炉等。

2. 实验药品

（1）10% 三氯乙酸（TCA）。

（2）0.5% 硫代巴比妥酸（TBA）溶液：用10%TCA配制（加热溶解）。

四、实验材料

正常生长的植物材料和经过某种胁迫处理的材料。

五、实验步骤

（1）称取0.3 g植物材料加入2 mL 预冷的10% 三氯乙酸研磨；

（2）4000 *g* 离心 10 min，取上清液；

（3）加入等体积的0.5% 硫代巴比妥酸，将此混合液于 95 ℃ 水浴中反应 1 h；

（4）置于冰上迅速冷却，然后于 10000 *g* 离心 10 min。上清液用于测定 535、600、440 nm处的吸光值。

六、结果计算

（1）MDA浓度（μmol/L）= 6.45 ×（A_{535}–A_{600}）– 0.56 × A_{440}。

（2）MDA含量（μmol/g）= MDA浓度（μmol/L）× 提取液体积（mL）/ 样品质量（g）× 1000。

七、思考题

逆境下，植物缓解膜脂质过氧化损伤的保护机制有哪些？

实验2　逆境对植物细胞活性氧含量的影响

实验2-1　过氧化氢含量的测定

一、实验原理

过氧化氢（H_2O_2）具有强氧化性，可与碘化钾（KI）中的碘离子发生氧化还原反应。

二、实验目的

（1）掌握H_2O_2含量的测定方法；

（2）了解逆境诱导植物组织中H_2O_2含量增加的意义及影响。

三、实验仪器与试剂

1. 实验仪器

分光光度计、研钵、容量瓶、试管、移液管、胶头滴管等。

2. 实验试剂

0.1% TCA，1 mol/L KI溶液，0.1 mol/L Tris-HCl（pH7.6），H_2O_2溶液。

四、实验材料

正常生长的植物材料和经过某种胁迫处理的材料。

五、实验步骤

（1）称取0.3 g植物样品，加入2 mL 0.1% TCA，冰上研磨，研磨后所得匀浆于4 ℃，12000 *g*离心20 min。

（2）取上清液0.5 mL，加1 mL 1 mol/L KI溶液和0.5 mL 0.1 mol/L Tris-HCl，暗

反应1 h。

（3）反应结束后，测定其在390 nm处的吸光值。

（4）以H_2O_2标准液制作标准曲线。

六、结果计算

H_2O_2含量（μmol/g）＝查得的H_2O_2量（μmol）× 提取液总体积（mL）/ 测定时提取液体积(mL)·材料鲜质量（g）

七、思考题

不同逆境下，H_2O_2的功能及信号转导机制是什么？

实验2-2 DAB染色分析过氧化氢含量

一、实验原理

细胞中过氧化氢酶能将过氧化氢（H_2O_2）中的氧释放出来，氧化二氨基联苯胺(diaminobenzidine，DAB)，形成定位于过氧化氢酶活性部位的金黄色沉淀（图7-1）。

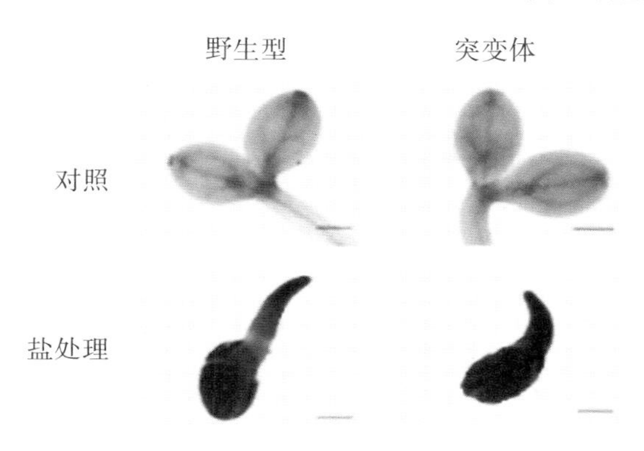

图7-1 DAB染色分析拟南芥幼苗H_2O_2含量

二、实验目的

掌握染色方法分析H_2O_2的含量及分布。

三、实验仪器与试剂

1. 实验仪器

培养箱、水浴锅、相机等。

2. 实验试剂

DAB染液配方见表7-1所示。

表7-1 DAB染液配方

成分	工作浓度
DAB	1 mg/mL
Tris-乙酸(pH5.0)	50 mmol/L
TritonX-100	0.05%

注意：28 ℃，避光保存。

四、实验材料

正常生长的植物材料和经过某种胁迫处理的材料。

五、实验步骤

（1）取植物根尖（约0.5 cm）或叶片（正常或胁迫处理的植株同部位叶片）。

（2）放入DAB染液中，28 ℃避光温育3～4 h（以着色程度判断染色时间）。

（3）吸取染液。

（4）对于根系，因不含叶绿素，所以可直接拍照。

（5）对于叶片，需用75%乙醇于75 ℃脱色，其间需要更换2～3次乙醇溶液，直至叶片中的色素完全脱完，之后再拍照。

（6）观察染色情况。

六、思考题

举例说明不同逆境对H_2O_2的含量及分布的影响。

实验2-3 超氧阴离子含量的测定

一、实验原理

利用羟胺氧化的方法检测生物体中O_2^-含量。原理是：O_2^-与羟胺反应生成NO_2^-，NO_2^-在对氨基苯磺酸和α-萘胺作用下，生成粉红色的偶氮染料（对-苯磺酸-偶氮-α-萘胺），染料在530 nm处有最大吸光值，据此可计算样品的O_2^-含量。

二、实验目的

（1）掌握O_2^-含量的测定方法；

（2）了解逆境诱导植物组织中O_2^-含量增加的意义及影响。

三、实验仪器与试剂

1. 实验仪器

分光光度计、研钵、移液枪、水浴锅、离心机、容量瓶、胶头滴管等。

2. 实验药品

（1）50 mmol/L 磷酸缓冲液（pH 7.8）：9.2 mL 0.1mol/L KH_2PO_4 + 90.8 mL 0.1 mol/L K_2HPO_4，定容到200 mL。

（2）3 mmol/L 盐酸羟胺：用50 mmol/L pH7.8磷酸缓冲液配制。

（3）7 mmol/L 对氨基苯磺酸：用冰醋酸：水＝3：1配制。

（4）7 mmol/L α-萘胺：以冰醋酸：水＝10：7配制。

（5）100 μmol/L $NaNO_2$溶液。

四、实验材料

正常生长的植物材料和经过某种胁迫处理的材料。

五、实验步骤

（1）称取0.4 g植物材料，用2 mL 盐酸羟胺研磨，4 ℃，12000 *g*离心15 min。

（2）取1 mL上清液、1 mL 17 mmol/L对氨基苯磺酸、1 mL 7 mmol/L α-萘胺混匀后，混合液在25 ℃孵育20 min，若有沉淀，4000 r/min离心后取上清液，于530 nm处测定吸光值，用$NaNO_2$定标准曲线。

（3）亚硝酸根标准曲线的制作。

（4）取100 μmol/L $NaNO_2$母液，用3 mmol/L盐酸羟胺分别稀释成5、10、20、30、40 μmol/L的标准稀释液各10 mL。取6支试管，编0～5号，分别加5、10、20、30、40 μmol/L的$NaNO_2$标准液1 mL，0号管加3 mmol/L盐酸羟胺1 mL，然后各管再加17 mmol/L对氨基苯磺酸1 mL和7 mmol/L α-萘胺1 mL，置于25 ℃显色20 min后，以0号管作为空白对照，在530 nm波长处测定吸光值。

六、结果计算

NO_2^-含量（nmol/g）＝从标准曲线查得NO_2^-含量（nmol）×提取液总量（mL）/样品鲜质量（g）×测定时提取液用量（mL）

将所得NO_2^-含量带入下式计算，即可求出O_2^-含量：

O_2^-含量（nmol/g）＝NO_2^-（nmol/g）×2

七、思考题

查阅资料并了解O_2^-在植物顶端分生组织中的功能及信号调控机制是什么？

实验2-4　NBT染色分析超氧阴离子含量

一、实验原理

环境胁迫诱导的超氧阴离子（O_2^-），可将氮蓝四唑（nitro-blue tetrazolium，NBT）还原为蓝色的甲腙（图7-2），蓝色越多，O_2^-含量就越高。

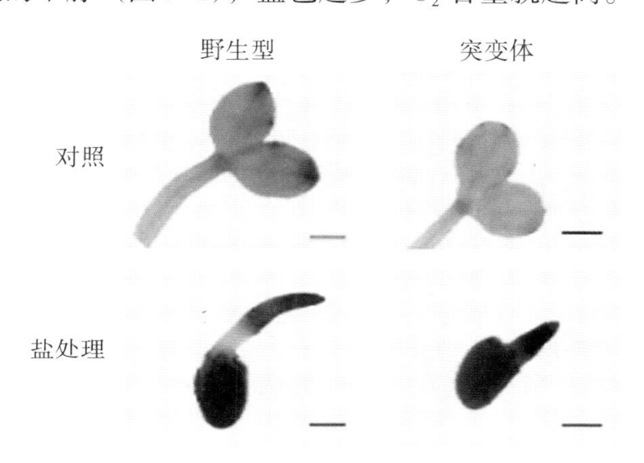

图7-2　NBT染色分析拟南芥幼苗O_2^-含量

二、实验目的

掌握NBT染色分析O_2^-的含量及分布的方法。

三、实验仪器与试剂

1. 实验仪器

培养箱、水浴锅、相机等。

2. 实验试剂

DAB染液见表7-2。

表7-2　DAB染液

成分	工作浓度
NBT	0.5 mg/mL
PBS(pH7.4)	50 mmol/L
TritonX-100	0.05%

注意：28 ℃，避光保存。

四、实验材料

正常生长的植物材料和经过某种胁迫处理的材料。

五、实验步骤

（1）取植物根尖（约0.5 cm）或叶片（正常或胁迫处理的植株同部位叶片）。

（2）放入DAB染液中，28 ℃避光温育2～4 h（以着色程度判断染色时间）。

（3）吸取并弃去染液。

（4）对于根系，因不含叶绿素，所以可直接拍照。

（5）对于叶片，需用75% 乙醇于75 ℃脱色，其间需要更换2～3次乙醇溶液，直至叶片中的色素完全脱完，之后拍照。

（6）观察染色情况。

六、思考题

举例说明不同逆境对O_2^-含量及分布的影响是什么？

实验3 逆境对植物细胞渗透调节物质含量的影响

实验3-1 游离脯氨酸含量的测定

一、实验原理

逆境条件下（旱、盐碱、热、冷、冻等），植物体内脯氨酸（proline，Pro）含量显著增加，且脯氨酸含量的变化在一定程度上反映了植物的抗逆性。抗旱性强的品种往往积累较多的脯氨酸，因此测定脯氨酸含量可以作为抗旱育种的生理指标。另外，脯氨酸亲水性极强，能稳定原生质胶体及组织内的代谢过程，因而能降低冰点，有防止细胞脱水的作用。低温条件下，植物组织脯氨酸含量增加，可提高植物的抗寒性，因此，其也可作为抗寒育种的生理指标。

酸性条件下，茚三酮和脯氨酸反应生成稳定的红色化合物，产物在520 nm波长下具有最大吸收峰。用磺基水杨酸提取植物样品时，脯氨酸便游离于磺基水杨酸的溶液中，然后用酸性茚三酮加热处理后，溶液即呈红色，再用甲苯萃取，则色素全部转移至甲苯中，色素的深浅即表示脯氨酸含量的高低。

二、实验目的

（1）掌握脯氨酸含量的测定方法；

（2）了解逆境下，脯氨酸含量增加的意义及机制。

三、实验仪器与试剂

1. 实验仪器

水浴锅、分光光度计、天平、容量瓶、试管、15 mL离心管等。

2. 实验药品

磺基水杨酸、冰醋酸、甲苯、脯氨酸、2.5% 酸性茚三酮溶液（60 mL冰醋酸、

16.4 mL磷酸加蒸馏水定容至100 mL，再加入2.5 g茚三酮，溶解后避光保存）。

四、实验材料

正常生长的植物材料和经过某种胁迫处理的材料。

五、实验步骤

1.样品的测定

（1）称取不同处理的待测植物材料各0.25 g，置于15 mL离心管中，加2.5 mL 3%磺基水杨酸，使植物材料完全浸没于提取液中，于沸水浴中提取10 min。

（2）吸取1 mL上清液于另一15 mL离心管中，加入1 mL水、1 mL冰乙酸、2 mL 2.5%的酸性茚三酮，混合液于沸水中显色30 min，溶液即呈红色。

（3）冷却后于520 nm波长处比色。

（4）用0.5～5 μg /mL 脯氨酸做标准曲线。

2.标准曲线的绘制

（1）精确称取25 mg脯氨酸，倒入小烧杯内，用少量蒸馏水溶解，然后倒入500 mL容量瓶中，加蒸馏水定容至刻度，此标准液中脯氨酸浓度为50 μg/mL。

（2）取6个50 mL容量瓶，分别加入脯氨酸原液0.5、1.0、1.5、2.0、2.5、3 mL，用蒸馏水定容至刻度并摇匀，各瓶的脯氨酸浓度分别为0.5、1、2、3、4、5 μg /mL。

（3）分别吸取1 mL系列标准浓度的脯氨酸溶液于18个试管中，每个点3个平行（对照加水），加入1 mL水、1 mL冰乙酸、2 mL 2.5%的酸性茚三酮，于沸水浴中加热30 min。

（4）冷却后于520 nm波长处比色。

六、结果计算

根据标准曲线计算出脯氨酸的浓度，然后换算出样品中脯氨酸的含量（μg/g）。

七、讨论

（1）在酸性条件下，酸性氨基酸和中性氨基酸不能与茚三酮反应，因此，植物体内的这些氨基酸不会干扰脯氨酸的测定；与脯氨酸相比，碱性氨基酸含量很低，也可以忽略。但蛋白质也会和茚三酮反应生成蓝色产物而影响脯氨酸测定，叶片组织中的色素也会对测定产生影响。本实验是如何避免蛋白质和色素影响的？

（2）在干旱条件下，植物积累脯氨酸有什么生理意义？

实验3-2 可溶性糖含量的测定

一、实验原理

糖类是植物体的重要组成成分，也是新陈代谢的主要原料和储存物质；不同栽培条件，不同成熟度都会影响水果、蔬菜中糖类的含量，对其糖含量的测定，有助于了解和鉴定水果、蔬菜品质的高低，也有助于人们合理搭配膳食。同时，逆境条件下，植物细胞会主动积累一些渗透调节物质，主要包括：可溶性糖、季氨类化合物、叔氨类化合物。逆境下，可溶性糖含量的升高有助于维持细胞膨压、保护细胞及生物活性物质的功能，保持组织脂类、蛋白质、核酸等不受破坏的作用。

糖类遇浓硫酸脱水生成糠醛或其衍生物。糠醛或羟甲基糠醛进一步与蒽酮试剂缩合产生蓝绿色物质，其在620 nm 波长处有最大吸收峰，且其吸光值在一定范围内与糖的含量成正比关系。酮糖在一定条件下和间苯二酚生成鲜红色物质，该物质在480 nm波长处有最大吸收峰，该方法可用来测定蔗糖。测定时先用碱与样品一起加热，破坏其中的还原性糖，然后用间苯二酚测定蔗糖中的果糖。果糖与间苯二酚、盐酸一起加热生成的红色络合物在480 nm波长处吸收峰最高。

二、实验目的

掌握植物组织中可溶性糖含量测定的原理和方法。

三、实验仪器与试剂

1. 实验仪器

离心机、分光光度计、水浴锅、pH计等。

2. 实验试剂

（1）80% 乙醇，2 mol/L NaOH，30% HCl，1 mg/mL 葡萄糖、蔗糖和果糖标准液。

（2）蒽酮试剂：150 mg 蒽酮溶于100 mL 稀硫酸（76 mL 浓硫酸加入30 mL水中）。

（3）0.1% 间苯二酚：0.1 g间苯二酚溶于100 mL 95% 的乙醇，避光保存。

四、实验材料

对照和胁迫处理的植物材料。

五、实验步骤

1. 提取

称取0.5 g植物组织，于2 mL 80%的乙醇中研磨后，转入2 mL离心管中，75 ℃温浴10 min，5000 *g*离心5 min，收集上清液于10 mL离心管中。沉淀用80%乙醇于75 ℃水浴重复抽提两次，合并上清液后，用80%的乙醇定容至10 mL。提取液用于可溶性总糖、果糖与蔗糖含量的测定。

2. 可溶性总糖含量测定

取10 μL上述乙醇提取液，加入90 μL 80%的乙醇，加入3 mL蒽酮试剂，90 ℃保温15 min，冷却后于620 nm处测吸光值。其含量以μg/g表示。用20～100 μg的葡萄糖同法测定，做标准曲线（体系中加入20～100 μL葡萄糖溶液，再用80%的乙醇补足剩余体积）。

3. 蔗糖含量测定

取100 μL乙醇提取液，加入200 μL 2 mol/L NaOH，100 ℃煮5 min，冷却后加入2 mL 30%的HCl，600 μL 0.1%的间苯二酚，80 ℃保温10 min，冷却后于480 nm处测吸光值。蔗糖含量以μg/g表示。用20～100 μg的蔗糖同法做标准曲线（体系中加入20～100 μL蔗糖溶液，再用80%的乙醇补足剩余体积）。

4. 果糖含量测定

取10 μL乙醇提取液，加入190 μL 80%的乙醇、400 μL 0.1%的间苯二酚和1400 μL 30%的HCl，80 ℃保温10 min，冷却后于480 nm处测吸光值。果糖含量以μg/g表示。用20～100 μg的果糖同法做标准曲线（体系中加入20～100 μL果糖溶液，再用80%的乙醇补足剩余体积）。

六、结果计算

根据光密度值从标准曲线上查出相应的糖含量，按下列公式计算出样品的含糖量：

$$\text{可溶性糖含量}(\%) = (C \times V) / (m_f \times 10^6) \times 100\%$$

式中：V——植物样品稀释后的体积（mL）；

C——提取液的含糖量（μg/mL）；

m_f——植物组织鲜质量（g）。

七、思考题

对比分析不同逆境或不同植物组织中可溶性糖含量的变化差异及可能的机制是什么?

实验3-3 甘氨酸甜菜碱含量的测定

一、实验原理

逆境条件下，植物细胞内可以主动积累一些小分子有机化合物来维持细胞内外渗透压和水势的平衡，细胞内积累的这些渗透调节物质一般无毒、无害，主要是一些对酶的正常功能没有影响的有机化合物。这些有机渗透调节物质主要包括：单糖（主要是果糖和葡萄糖），糖醇（甘油和甲基化肌醇），多糖（海藻糖、棉子糖和果聚糖），季氨类化合物（脯氨酸、甘氨酸甜菜碱、β-丙氨酸甜菜碱、脯氨酸甜菜碱），叔氨类化合物。

一般认为有机渗透调节物质能协调细胞与外界的渗透压平衡，减轻离子毒害作用，还可利用其亲水性作用于各蛋白复合体或膜表面起到保护效果。许多有机渗透调节物质同时被认为是渗透保护剂，因为它们的积累水平达不到调节渗透压的作用。这些有机渗透调节物质的另一个功能是清除活性氧。

甜菜碱是一类季胺类化合物，其化学名称为N-甲基代氨酸。甜菜碱作为一种重要的渗透调节物质，最早被发现和研究最多的是甘氨酸甜菜碱，简称甜菜碱。许多高等植物受到胁迫时会积累大量的甘氨酸甜菜碱，它们主要富集于细胞质中，作为一种无毒害的渗透调节剂维持细胞渗透压，稳定生物大分子和细胞膜结构，维持正常的生理功能，解除渗透胁迫对酶活性的影响，保护呼吸酶并参与能量代谢过程。

二、实验目的

掌握植物组织中可溶性糖含量测定的原理和方法。

三、实验仪器与试剂

1. 实验仪器

低温高速离心机、恒温摇床、分光光度计等。

2. 实验药品

（1）$KI-I_2$ 溶液：15.7 g碘加20 g KI溶于100 mL蒸馏水中。

（2）1 mol/L H_2SO_4，2 mol/L H_2SO_4，1,2-二氯甲烷。

（3）250 μg/mL甘氨酸甜菜碱溶液：用1 mol/L H_2SO_4溶解。

四、实验材料

正常生长的植物材料和经过某种胁迫处理的材料。

五、实验步骤

（1）称取0.5 g植物组织，用3.5 mL双蒸水冰浴研磨，13000 *g*离心15 min，取上清液。

（2）加入等体积2 mol/L H_2SO_4混匀，13000 *g*离心15 min。

（3）取1 mL上清液于试管，冰浴10 min，然后加入0.4 mL KI-I_2溶液。

（4）反应混合液冰浴16 h后，13000 *g*离心20 min。

（5）去上清液，向沉淀（季胺化合物在低pH时，与KI-I_2试剂反应生成高碘酸结晶）中加入4 mL 1,2-二氯甲烷，试管加盖于25 °C振动温浴2.5 h，然后测定365 nm的光密度。注意：因1,2-二氯甲烷极易挥发，比色前需将所有待测样品统一定容到4 mL。

（6）用50～250 μg/mL甘氨酸甜菜碱溶液按照表7-3做标准曲线。

表7-3　甘氨酸甜菜碱标准曲线的绘制

甘氨酸甜菜碱含量(μg)	甘氨酸甜菜碱溶液(mL)	1 mol/L H_2SO_4 (mL)	KI-I_2溶液(mL)	二氯甲烷(mL)
0	0	1	0.4	4
50	0.2	0.8	0.4	4
100	0.4	0.6	0.4	4
150	0.6	0.4	0.4	4
200	0.8	0.2	0.4	4
250	1	0	0.4	4

六、结果计算

根据标准曲线，计算每克鲜质量中甘氨酸甜菜碱的含量。

实验4　逆境对植物细胞抗氧化酶系统的影响

实验4-1　超氧化物歧化酶（SOD）活性的检测

一、实验原理

超氧化物歧化酶（superoxide dismutase，SOD）普遍存在于动、植物体内，是一种清除超氧阴离子自由基的酶，它催化如下反应：

$$2O_2^- + 2H^+ \rightarrow H_2O_2 + O_2$$

反应产物 H_2O_2 可由CAT进一步分解或通过抗坏血酸-谷胱甘肽循环彻底分解。本实验依据SOD抑制氯化硝基四氮唑蓝（简称氮蓝四唑，NBT）在光下的还原作用来确定酶活性大小。

二、实验目的

（1）掌握SOD活性的测定方法；

（2）了解SOD对逆境的响应模式。

三、实验仪器与试剂

1. 实验仪器

低温冷冻离心机、分光光度计、研钵、容量瓶、试管、白炽灯管等。

2. 实验药品

（1）50 mmol/L磷酸缓冲液（pH7.8）。

（2）提取缓冲液：含1% PVP的50 mmol/L磷酸缓冲液（pH7.8）。

（3）39 mmol/L 甲硫氨酸溶液：用50 mmol/L磷酸缓冲液配制。

（4）225×10^{-6}mol/L氮蓝四唑溶液：用50 mmol/L磷酸缓冲液配制。

（5）0.6 mmol/L　EDTA-Na_2溶液：用50 mmol/L磷酸缓冲液配制。

（6）12×10^{-6}mol/L核黄素溶液：用50 mmol/L磷酸缓冲液配制。

（7）考马斯亮蓝溶液（1 L）：100 mg G250，50 mL 95%乙醇，100 mL正磷酸。

四、实验材料

正常生长的植物材料和经过某种胁迫处理的材料。

五、实验步骤

1. 粗酶液的提取

称取0.3 g植物材料于2 mL预冷的提取缓冲液中研磨成匀浆。在4 ℃、15000 *g*离心15 min，上清液即为粗酶液，用于SOD、POD、CAT和APX活性的测定。

蛋白标准曲线的制作（表7-4）：取6支试管，其中1支加入1.0 mL蒸馏水作为空白，另外5支分别加入不同体积的浓度为100 μg/mL牛血清白蛋白标准液，补充水到1.0 mL。然后每支试管加3.0 mL考马斯亮蓝G250试剂，摇匀暗处放置10 min，测定595 nm处的吸光值，做3次平行。

粗酶液蛋白含量的测定：吸取3 mL考马斯亮蓝溶液，加入50 μL粗酶液，摇匀，每个样品设置3个平行，595 nm处测定吸光值。根据标准曲线计算蛋白质含量。

表7-4　蛋白标准曲线的制备

试剂	体积					
100 μg/mL牛血清蛋白溶液(mL)	0	0.1	0.2	0.4	0.6	0.8
牛血清蛋白(μg)	0	10	20	40	60	80
去离子水(mL)	1.0	0.9	0.8	0.6	0.4	0.2
考马斯亮蓝G250试剂(mL)	3.0	3.0	3.0	3.0	3.0	3.0

2.SOD活性的测定

（1）显色反应。取试管（要求透明度好且一致）5支，3支为测定管，另2支为对照管（表7-5），按顺序加入下列各溶液：

表 7–5　显色反应试剂

试剂	体积
39 mmol/L蛋氨酸（3×）	2 mL
225×10^{-6} mol/L氮蓝四唑	2 mL
0.6 mmol/L EDTA-Na_2（6×）	1 mL
酶液	50 μL
12×10^{-6} mol/L核黄素	1 mL

注意：操作过程需要避光。

混匀后，1支对照管避光处理，另1支对照管与其他各管同时置于日光灯下反应30 min。

（2）SOD活性测定。反应结束后，将光下的试管置于暗处放置5 min，以终止反应；以遮光的对照管作为空白，分别在560 nm下测定各管的吸光值，计算SOD活性。注意：按照上述操作过程做3个平行。

六、结果计算

SOD活性单位以抑制NBT光化还原的50%为一个酶活性单位表示，按下式计算SOD活性。

$$\text{SOD总活性（U/g）}=(A_{CK}-A_E)\times V_t\ /\ 0.5\times A_{CK}\times m_f\times V_1$$

式中：A_{CK}——光下对照管的吸光值；

A_E——样品管的吸光值；

V_t——样品液总体积（mL）；

V_1——测定时样品用量（mL）；

m_f——样品鲜质量（g）。

实验4-2　过氧化物酶（POD）活性的检测

一、实验原理

在有过氧化氢存在的条件下，过氧化物酶能使愈创木酚氧化，生成茶褐色物质，此物质在470 nm处有最大光吸收，因此可测量生成物的含量来反映酶的活性。

二、实验目的

（1）掌握POD活性的测定方法；

（2）了解POD对逆境的响应模式。

三、实验仪器与试剂

1. 实验仪器

分光光度计、研钵、试管、离心机、秒表等。

2. 实验药品

（1）提取缓冲液：含1% PVP的50 mmol/L磷酸缓冲液（pH 7.8）。

（2）反应混合液：含20 mmol/L愈创木酚的50 mmol/L磷酸缓冲液（pH 7.0）。

（3）50 mmol/L磷酸缓冲液（pH 7.0）。

（4）过氧化氢原液。

四、实验材料

正常生长的植物材料和经过某种胁迫处理的材料。

五、实验步骤

（1）酶液的提取参考实验4-1；

（2）取比色杯两只，于一只中加入反应混合液1 mL、10 μL提取液和10 μL H_2O_2原液作为空白对照；

（3）另一只加入反应混合液1 mL，粗酶液10 μL（如酶活性过高可适当稀释）和10 μL H_2O_2原液，立即开启秒表，于470 nm波长下测量吸光值，每隔15 s读数一次，计3 min。

六、结果计算

POD活性以每分钟内470 nm处吸光值变化0.01为1个过氧化物酶活性单位表示。

$$\text{POD活性} = \Delta A_{470} \times V_t / m_f \times V_S \times 0.01 \times t$$

式中：ΔA_{470}——反应时间内吸光值的变化；

m_f——植物鲜质量或蛋白含量；

V_t——提取酶液总体积；

V_S——测定时取用酶体积；

t——反应时间。

实验4-3 过氧化氢酶（CAT）活性的检测

一、实验原理

CAT能催化H_2O_2分解产生H_2O和O_2，可用分光光度计测量H_2O_2分解的量来反映酶的活性。

二、实验目的

（1）掌握CAT活性的测定方法；

（2）了解CAT对逆境的响应模式。

三、实验仪器与试剂

1. 实验仪器

低温冷冻离心机、分光光度计、研钵、容量瓶、试管、秒表等。

2. 实验药品

（1）提取液：1% PVP、50 mmol/L磷酸缓冲液（pH 7.8）。

（2）反应混合液：15 mmol/L H_2O_2、50 mmol/L磷酸缓冲液（pH 7.0）。

（3）15 mmol/L H_2O_2：154 μL H_2O_2原液定容至100 mL。

四、实验材料

正常生长的植物材料和经过某种胁迫处理的材料。

五、实验步骤

（1）酶液的提取参考实验4-1；

（2）取比色杯两只，一只加入1 mL反应混合液和100 μL提取液，作为空白对照；

（3）另一只加入1 mL反应混合液和100 μL酶液（如酶活性过高可适当稀释），立即开启秒表，于240 nm波长下测量吸光值，每隔15 s读数一次，计3 min。

六、结果计算

CAT活性以每分钟内240 nm处吸光值减少0.1的量为一个酶活单位（U）。

$$CAT活性 = A_{240} \times V_t / 0.1 \times V_1 \times t \times m_f$$

式中：A_{240}——反应时间内吸光值的变化；

V_t——粗酶提取液总体积；

V_1——测定用粗酶液体积；

m_f——样品鲜质量或粗酶蛋白含量；

t——加过氧化氢到最后一次读数的时间。

实验4-4 抗坏血酸过氧化物酶（APX）活性的检测

一、实验原理

APX能催化H_2O_2还原为H_2O，对抗坏血酸有很高的特异性和亲和性。根据在植物中的定位，其可以分为4类：类囊体APX、基质APX、微体APX和细胞质APX。研究表明，高盐条件可以诱导APX的表达。研究发现，转基因烟草细胞胞质的APX反义RNA的表达降低了其内源的APX mRNA水平及APX的活性，加大了转基因烟草在高浓度臭氧下的氧化损伤。

APX可利用抗坏血酸（AsA）提供的还原力还原H_2O_2，因此可通过测定AsA的氧化量计算APX的活性。

二、实验目的

（1）掌握APX活性的测定方法；

（2）了解APX对逆境的响应模式。

三、实验仪器与试剂

1. 实验仪器

低温冷冻离心机、紫外分光光度计、研钵、容量瓶、试管、秒表等。

2. 实验药品

（1）提取液：1% PVP、50 mmol/L磷酸缓冲液（pH 7.8）。

（2）反应混合液：0.1 mmol/L EDTA-Na_2、3 mmol/L抗坏血酸（AsA）、50 mmol/L磷酸缓冲液（pH 7.0）。

（3）9 mmol/L H_2O_2：用50 mmol/L磷酸缓冲液（pH 7.0）配制。

四、实验材料

正常生长的植物材料和经过某种胁迫处理的材料。

五、实验步骤

（1）酶液的提取参考实验4-1；

（2）取比色杯两只，一只中加入反应混合液1 mL、50 μL提取液和20 μL 9 mmol/L的H_2O_2作为空白对照，调零；

（3）另一只中加入反应混合液1 mL和粗酶液50 μL（如酶活性过高可适当稀释），用20 μL 9 mmol/L的H_2O_2启动反应，立即开启秒表，于290 nm波长下测量吸光值，每隔5 s读数一次，计1 min。

六、结果计算

APX活性以每分钟氧化1 μmol AsA的酶量作为一个酶活性单位（U）来表示。

$$\text{APX活性}=A_{290}\times V_t\times 1000\times 60\times 1000/m_f\times 2.8\times V_R\times 5$$

式中：A_{290}——反应时间内吸光值的变化；

V_t——酶提取液总体积（mL）；

1000——将mL转换为μL；

60——将1 min转换为60 s；

1000——将mmol/L转换为μmol/L；

m_f——鲜叶质量（g）或蛋白量（mg）；

2.8——吸光系数（L/mmol·cm）；

V_R——测定时酶液用量（mL）；

5——每5 s记录吸光值的变化。

七、思考题

不同逆境下，植物细胞四大抗氧化酶在转录、蛋白及酶活水平的响应模式差异及机制是什么？

实验4-5　谷胱甘肽还原酶（GR）活性的检测

一、实验原理

GR是一种黄素蛋白氧化酶，在真核生物和原核生物中都有发现。对植物来说，在氧化胁迫反应中，其对清除活性氧起着关键的作用。GR在动物中只有一种同工酶，而在植物中则有很多种。GR的同工酶在结构、组成和性质上存在很大的差别，在不同的环境条件下存在的方式也不同。这些同工酶分别被不同的环境信号刺激，在植物对不同的胁迫反应中有不同的作用。在叶绿体中，过表达*E. coli.* GR可以增加总的谷胱甘肽含量和GSH/GSSG比率。在氧化胁迫反应中，它对于保持细胞内谷胱甘肽库的还原状态起着决定性的作用。蛋白质中非特异性二硫键的形成会导致蛋白的失活或降解，依赖于GR保持的高水平的GSH库有利于激活蛋白的功能和避免非特异性二硫键的形成。

GR以GSSG为底物，以NADPH为氢供体，把GSSG还原为GSH。由于NADPH的最大光吸收为340 nm，故可用NADPH被氧化过程中A_{340}的减少来表示GR活性的大小。

二、实验目的

（1）掌握GR活性的测定方法；

（2）了解GR对逆境的响应模式。

三、实验仪器与试剂

1. 实验仪器

低温冷冻离心机、紫外分光光度计、研钵、容量瓶、试管、秒表等。

2. 实验药品

（1）反应液：0.26 mmol/L Tris-HCI（pH7.5）、3 μmol/L EDTA、2 mmol/L GSSG。

（2）4 mmol/L $NADPHNa_4$。

（3）提取缓冲液：50 mmol/L PBS（pH7.0）、0.1 mmol/L EDTA、1 mmol/L PMSF、1% PVP、0.1%TritonX-100。

（4）50 mmol/L PBS（pH7.0）。

四、实验材料

正常生长的植物材料和经过某种胁迫处理的材料。

五、实验步骤

（1）酶液提取：称取0.5 g植物材料，液氮研磨，加入2 mL提取缓冲液，振荡打匀。匀浆液于4 ℃，12000 *g*离心15 min，上清液即为粗酶液，用于谷胱甘肽还原酶（GR）、谷胱甘肽过氧化物酶（GPX）活性测定，用考马斯亮蓝法测蛋白质含量（参考4-1）。

（2）取比色杯两只，一只中加入反应混合液3 mL、200 μL提取液和4 mmol/L $NADPHNa_4$作为空白对照，调零。

（3）另一只中加入反应混合液3 mL和粗酶液200 μL，用4 mmol/L $NADPHNa_4$启动反应，立即开启秒表，于340 nm波长下测量吸光值，每隔15 s读数一次，计3 min（消光系数为6.22 L/mmol·cm）。

六、结果计算

$$\text{GR活性}=A_{340}\times X\times Y/(\mathrm{K}bm)$$

式中：A_{340}——反应时间内吸光值的变化；

X——反应时粗酶液稀释倍数；

Y——提取酶液总体积与反应时所取酶液的体积比；

K——消光系数；

b——比色皿宽度；

m——所取材料质量。

实验4-6 谷胱甘肽过氧化物酶（GPX）活性的检测

一、实验原理

谷胱甘肽过氧化物酶（GPX）作为细胞内的一种抗氧化酶，主要负责膜的脂质过氧化修复，因此，GPX被誉为细胞内抵抗氧化膜损伤的最主要的一道防线。在动物细胞内，GPX对于抵抗过氧化起着非常重要的角色。然而，在植物细胞内，与抗坏血酸-谷胱甘肽循环相比，GPX对于整个细胞的过氧化代谢以及GSH水平的调节起着次要的作用。尽管这样，据报道，在转基因植物中过表达GPX可提高植物的胁迫耐受能力。

GPX可以催化GSH产生GSSG，而谷胱甘肽还原酶可以利用NADPH催化GSSG产生GSH，通过检测NADPH的减少量就可以计算出GPX的活力水平。在上述反应中，GPX是整个反应体系的限速步骤，因此，NADPH的减少量和GPX的活力呈线性相关，而NADPH的最大光吸收为340 nm，故可用NADPH被氧化过程中A_{340}的减少来表示GPX活性的大小。

二、实验目的

（1）掌握GPX活性的测定方法；

（2）了解GPX对逆境的响应模式。

三、实验仪器与试剂

1. 实验仪器

低温冷冻离心机、紫外分光光度计、研钵、容量瓶，试管、秒表等。

2. 实验药品

（1）反应液：50 mmol/L PBS（pH7.0）、0.1 mmol/L EDTA、1 mmol/L sodium azide、2.5 IU/mL GR。

（2）2 mmol/L $NADPHNa_4$、1.6 mmol/L H_2O_2。

四、实验材料

正常生长的植物材料和经过某种胁迫处理的材料。

五、实验步骤

（1）粗酶液的提取参考实验4-5；

（2）取比色杯两只，一只中加入反应混合液3 mL、50 μL提取液、1.6 mmol/L H_2O_2和2 mmol/L $NADPHNa_4$作为空白对照；

（3）另一只中加入反应混合液3 mL、50 μL粗酶液、1.6 mmol/L H_2O_2，用2 mmol/L $NADPHNa_4$启动反应，立即开启秒表，于340 nm波长下测量吸光值，每隔5 s读数一次，计1 min，消光系数为6.22 L/mmol·cm。

六、结果计算

$$\text{GPX活性} = A_{340} \times X \times Y / (\mathrm{K}bm)$$

式中：A_{340}——反应时间内吸光值的变化；

X——反应时粗酶液稀释倍数；

Y——提取酶液总体积与反应时所取酶液的体积比；

K——消光系数；

b——比色皿宽度；

m——所取材料质量。

实验4-7 单脱氢抗坏血酸还原酶（MDAR）活性的检测

一、实验原理

单脱氢抗坏血酸还原酶（MDAR）是抗坏血酸-谷胱甘肽循环中的关键酶之一，该酶可利用NADPH为还原力将单脱氢抗坏血酸还原为抗坏血酸。因此，NADPH的减少量和MDAR的活力线性相关，而NADPH的最大光吸收为340 nm，故可用NADPH被氧化过程中A_{340}的减少来表示MDAR活性的大小。

二、实验目的

（1）掌握MDAR活性的测定方法；

（2）了解MDAR对逆境的响应模式。

三、实验仪器设备及试剂

1. 实验仪器

低温冷冻离心机、紫外分光光度计、研钵、试管、秒表，移液枪等。

2. 实验药品

（1）提取液：50 mmol/L PBS（pH7.0）、0.1 mmol/L EDTA、1 mmol/L PMSF、1% PVP、0.1% TritonX-100、1 mmol/L 抗坏血酸。

（2）2 mmol/L抗坏血酸。

（3）抗坏血酸氧化酶。

（4）2 mmol/L NADPH。

四、实验材料

正常生长的植物材料和经过某种胁迫处理的材料。

五、实验步骤

1. 粗酶液的制备

（1）称取0.2 g材料，加入2 mL提取缓冲液，冰浴研磨。

（2）匀浆液于4 °C，12000 *g*离心15 min，取上清液，作为粗酶液。

2. 酶活性的测定

（1）取比色杯两只，一只加入900 μL 2 mmol/L抗坏血酸、2 U抗坏血酸氧化酶、30 μL 2 mmol/L NADPH和30 μL提取液作为空白对照；

（2）另一只中加入反应混合液，即900 μL 2 mmol/L抗坏血酸、2 U抗坏血酸氧化酶和30 μL粗酶液，用30 μL 2 mmol/L NADPH启动反应，立即开启秒表，于340 nm波长下测量吸光值，每隔15 s读数一次，计3 min，消光系数为6.22 L/mmol·cm。

六、结果计算

$$\text{MDAR活性} = A_{340} \times X \times Y / (\text{K}bm)$$

式中：A_{340}——反应时间内吸光值的变化；

X——反应时粗酶液稀释倍数；

Y——提取酶液总体积与反应时所取酶液的体积比；

K——消光系数；

b——比色皿宽度；

m——所取材料质量。

实验4-8　双脱氢抗坏血酸还原酶（DHAR）活性的检测

一、实验原理

双脱氢抗坏血酸还原酶（DHAR）是抗坏血酸-谷胱甘肽循环中的关键酶之一，该酶可利用还原型谷胱甘肽（GSH）为还原力将双脱氢抗坏血酸还原为抗坏血酸。氧化型的谷胱甘肽（GSSG）在谷胱甘肽还原酶（GR）的催化下，利用NADPH为还原力获得再生。抗坏血酸（AsA）在265nm处有最大吸收峰，因此，可通过测定AsA的产生量来反映DHAR的活性。

二、实验目的

（1）掌握DHAR活性的测定方法；

（2）了解DHAR对逆境的响应模式。

三、仪器设备及试剂

1. 实验仪器

分光光度计、研钵、容量瓶、试管、离心机、秒表等。

2. 实验药品

（1）提取液：50 mmol/L PBS（pH7.0）、0.1 mmol/L EDTA、1 mmol/L PMSF、1% PVP、0.1% TritonX-100、1 mmol/L 抗坏血酸。

（2）20 mmol/L GSH。

（3）2 mmol/L双脱氢抗坏血酸。

（4）50 mmol/L PBS（pH 7.0）。

四、实验材料

正常生长的植物材料和经过某种胁迫处理的材料。

五、实验步骤

1. 粗酶液的制备

（1）称取0.2 g材料，加入2 mL提取缓冲液，冰浴研磨。

（2）匀浆液于4 °C，12000 *g* 离心15 min，取上清液，作为粗酶液。

2. 酶活性的测定

（1）取比色杯两只，一只中加入700 μL PBS（pH 7.0）、700 μL 20 mmol/L GSH、100 μL 2 mmol/L双脱氢抗坏血酸和100 μL提取液作为空白对照，调零；

（2）另一只中加入700 μL PBS（pH 7.0）、700 μL 20 mmol/L GSH、100 μL 2 mmol/L双脱氢抗坏血酸和100 μL粗酶液，立即开启秒表，于265 nm波长下测量吸光值，每隔15 s读数一次，计3 min。

六、结果计算

$$\text{DHAR活性} = A_{265} \times X \times Y / (\mathrm{K}bm)$$

式中：A_{265}——反应时间内吸光值的变化；

X——反应时粗酶液稀释倍数；

Y——提取酶液总体积与反应时所取酶液的体积比；

K——消光系数（6.22 L/mmol·cm）；

b——比色皿宽度；

m——所取材料质量。

七、思考题

简述抗坏血酸-谷胱甘肽循环的分布、功能及调控机制。

实验5　逆境对植物细胞抗氧化小分子系统的影响

实验5-1　抗坏血酸含量与氧化还原状态的检测

一、实验原理

抗坏血酸是植物细胞中大量存在的水溶性小分子，广泛存在于包括细胞质、叶绿体、线粒体、液泡和细胞壁在内的所有区域。抗坏血酸是控制ROS含量至关重要的抗氧化物，对细胞的氧化还原系统起重要的缓冲作用。抗坏血酸在植物的生长中也具有很多功能，其参与了诸如细胞分裂、细胞壁延伸和其他发育过程。抗坏血酸和谷胱甘肽及一些抗氧化酶可清除超氧阴离子，也可以防止单线肽的氧和羟自由基的毒害。抗坏血酸不仅是抗氧化剂，它也是紫黄质去环化酶的辅酶。紫黄质去环化酶在强光下将紫黄质转化为玉米黄质，此反应参与光系统Ⅱ过渡激发能的非光化学淬灭。因此，抗坏血酸无论在清除自由基还是消耗光合作用的剩余电子中都十分重要。抗坏血酸在265 nm处有最大吸收峰。

二、实验目的

（1）掌握抗坏血酸含量的测定方法；

（2）了解抗坏血酸氧化还原状态对逆境的响应模式。

三、仪器设备及试剂

1. 实验仪器

分光光度计、研钵、容量瓶、试管、离心机、秒表等。

2. 实验药品

2.5 mol/L高氯酸，饱和Na_2CO_3溶液，甲基橙溶液，1 mol/L NaH_2PO_4溶液，1 U抗坏血酸氧化酶。

四、实验材料

正常生长的植物材料和经过某种胁迫处理的材料。

五、实验步骤

1. 粗酶液的制备

（1）称取0.2 g材料用1 mL 2.5 mol/L预冷的高氯酸研磨，于2 °C，10000 *g*离心10 min。

（2）取500 μL上清液，加20 μL甲基橙溶液，再用饱和Na_2CO_3溶液调pH至5.6～6.0（淡黄色），然后用1 mol/L NaH_2PO_4溶液补到800 μL，即为粗提液。

2. 酶活性的测定

（1）取比色杯两只，一只中加入1 mL 1 mol/L NaH_2PO_4溶液，1 U抗坏血酸氧化酶和100 μL提取液作为空白对照。

（2）另一只中加入1 mL 1 mol/L NaH_2PO_4溶液，1 U抗坏血酸氧化酶和100 μL粗酶液，立即开启秒表，于265 nm波长下测量吸光值，每隔15 s读数一次，计3 min。

（3）取400 μL粗酶液加40 μL 0.3 mol/L DTT，25 ℃水浴30 min，后按上述方法测定总抗坏血酸含量。

（4）用还原型抗坏血酸制备标准曲线。

六、结果计算

根据标准曲线查的抗坏血酸的含量，计算还原型抗坏血酸的含量与其氧化还原状态。

七、思考题

抗坏血酸在植物逆境适应中的功能及调控机制是什么？

实验5-2　谷胱甘肽含量及氧化还原状态的检测

一、实验原理

还原态的谷胱甘肽（GSH）是含半胱氨酸的三肽，在保持细胞内正常的还原状态以及抵抗氧化胁迫带来的各种有害的影响方面担当着重要的角色。作为一种抗氧化剂和细胞的保护者，GSH被氧化为通过二硫键连接的谷胱甘肽（GSSG）。GSH从GSSG的再生由谷胱甘肽还原酶（GR）催化，这个过程需要NADPH作为还原力。细胞内的NADPH主要通过磷酸戊糖途径提供。在植物细胞中，GSH代谢H_2O_2主要通过抗坏血酸-谷胱甘肽循环来完成，这是植物细胞中最重要的一条脱毒系统；也可以通过谷胱甘肽过氧化物酶（GPX）催化的反应来完成。

谷胱甘肽能和5,5'-二硫代-双-（2-硝基苯甲酸）（5,5'-dithiobis-2-nitrobenoic acid，DTNB）反应产生2-硝基-5-巯基苯甲酸和谷胱甘肽二硫化物（GSSG）。2-硝基-5-巯基苯甲酸为一黄色产物，在波长412 nm处具有最大光吸收。因此，利用分光光度计法可测定样品中谷胱甘肽的含量。

二、实验目的

（1）掌握谷胱甘肽含量的测定方法；

（2）了解谷胱甘肽氧化还原状态对逆境的响应模式。

三、实验仪器与试剂

1. 实验仪器

分光光度计、研钵、容量瓶、试管、离心机、秒表等。

2. 实验试剂

（1）提取缓冲液：7%的磺基水杨酸。

（2）试剂1：110 mmol/L Na_2HPO_4、40 mmol/L NaH_2PO_4、15 mmol/L EDTA、0.3 mmol/L 5,5'-dithiobis（2-nitrabenzoicacid），0.04% BSA。

（3）试剂2：1 mmol/L EDTA、50 mmol/L imidazole solution、0.02% BSA、5% Na_2HPO_4（pH7.5）。

（4）谷胱甘肽还原酶。

（5）9 mmol/L $NADPHNa_4$。

（6）2-乙烯基吡啶。

四、实验材料

正常生长的植物材料和经过某种胁迫处理的材料。

五、实验步骤

1. 粗酶液的制备

（1）称取0.2 g材料于预冷的研钵中，加2 mL提取缓冲液，研磨成匀浆。

（2）匀浆液在4 ℃，10000 *g* 离心10 min，上清液即为粗提液。

2. 酶活性的测定

（1）取比色杯两只，一只中加入400 μL试剂1，320 μL试剂2，1.5 U谷胱甘肽还原酶，80 μL提取液和80 μL $NADPHNa_4$溶液作为空白对照。

（2）另一只中加入400 μL试剂1，320 μL试剂2，1.5 U谷胱甘肽还原酶，80 μL粗酶液和80 μL $NADPHNa_4$溶液，立即开启秒表，于412 nm波长下测量吸光值，每隔15 s读数一次，计3 min。

（3）氧化型谷胱甘肽（GSSG）含量的测定：160 μL粗酶液加入40 μL 2-乙烯基吡啶于25 ℃孵育1 h后，取80 μL用于测定GSSG含量，测定方法与总谷胱甘肽测定方法相同。

（4）用GSH绘制标准曲线。

六、结果计算

根据标准曲线计算GSH与GSSG含量，并计算谷胱甘肽的氧化还原状态（GSH/GSSG）。

七、思考题

作为细胞内重要的抗氧化小分子之一，GSH除了参与清除活性氧，还有哪些生物学功能?

八、植物分子生物学技术

实验1 植物核酸的提取和测定

核酸包括DNA和RNA分子，在细胞中都是以与蛋白质结合的状态存在，核酸提取的主要步骤为：裂解细胞去除与核酸结合的蛋白质、多糖以及脂类等生物大分子；去除其他不需要的核酸分子，如提取DNA时，应去除RNA，反之亦然；沉淀核酸，纯化核酸，去除盐类、有机质等杂质。

实验1-1 植物基因组DNA的提取和测定

一、实验原理

采用十六烷基三甲基溴化铵（CTAB）法提取DNA。CTAB是一种非离子去污剂，能溶解细胞膜和核膜蛋白，使核蛋白解聚，从而使DNA游离出来。植物材料在CTAB的处理下，结合65 ℃水浴使细胞裂解、蛋白质变性，DNA就会被释放出来。CTAB与核酸形成复合物，此复合物在高盐（>0.7 mmol/L NaCl）浓度下可溶，并稳定存在，但在低盐浓度（0.1～0.5 mmol/L NaCl）下，CTAB-核酸复合物就因溶解度降低而沉淀，而大部分的蛋白质及多糖等仍溶解于溶液中。十二烷基硫酸钠（sodium dodecyl sulfate，SDS）等离子型表面活性剂，能溶解细胞膜和核膜蛋白，使核蛋白解聚，从而使DNA得以游离出来。再加入苯酚和氯仿等有机溶剂，能使蛋白质变性，并使抽提液分相，因核酸（DNA和RNA）水溶性很强，经离心后即可从抽提液中除去细胞碎片和大部分蛋白质。上清液中加入无水乙醇使DNA沉淀，沉淀DNA溶于TE溶液中，即得植物总DNA溶液。植物细胞浆含有多种酶类（尤其是氧化酶类），这对DNA的抽提产生不利的影响，在抽提缓冲液中需加入抗氧化剂或强还原剂（如巯基乙醇）以降低这些酶类的活性。因此，在液氮中研磨，材料易于破碎，并可减少研磨过程中各种酶类的作用。

DNA分子在高于等电点的pH溶液中带负电荷，在电场中向正极移动。由于糖-磷酸骨架在结构上的重复性质，相同数量碱基的双链DNA几乎具有等量的净电荷，因此，它们能以同样的速度向正极方向移动。在一定的电场强度下，DNA分子的迁移速度取决于分子本身的大小和构型，具有不同分子量的DNA片段迁移速度不一样，迁移速度与DNA分子量的对数值成反比关系。

二、实验目的

（1）了解真核生物基因组DNA提取的一般原理；

（2）掌握提取DNA的方法和步骤；

（3）了解DNA纯度的检测方法。

三、实验仪器与试剂

1. 实验仪器

高速离心机、烘箱、水浴锅、移液器、核酸电泳系统等。

2. 实验试剂

（1）十六烷基三甲基溴化铵（CTAB），三羟甲基氨基甲烷（Tris），乙二胺四乙酸（EDTA），氯化钠，2-巯基乙醇，无水乙醇，氯仿，异戊醇。

（2）CTAB抽提缓冲溶液：称取CTAB 4.0 g，放入200 mL烧杯，加入5 mL无水乙醇，再加入100 mL双蒸水，加热溶解，再依次加入56 mL 5 mol/L NaCl，20 mL 1mol/L Tris-HCl（pH 8.0），8 mL 0.5 mol/L EDTA定容至250 mL，摇匀，高压灭菌后，4 ℃保存。

（3）氯仿：异戊醇=24：1。

（4）TE缓冲液（pH 8.0）。

（5）溴化乙锭染色液：200 mL 1× TAE缓冲液中加两滴2 mg/mL的溴化乙锭储存液即可。

（6）TAE buffer：Tris 242 g，$EDTANa_2 \cdot 2H_2O$ 37.2 g，向烧杯中加入约800 mL水，充分搅拌均匀；加入57.1 mL的冰乙酸，充分溶解，用NaOH调pH值到8.3，定容至1 L。

四、实验材料

植物叶片。

五、实验步骤

（1）称取0.1 g新鲜叶片，用液氮研磨成粉状。

（2）加入1 mL预热的CTAB抽提缓冲液和15 μL 2-巯基乙醇，研磨成匀浆。

（3）匀浆转入2 mL离心管中，于65 ℃水浴锅中保温约30 min。

（4）取出离心管，待冷却至室温后，加入200 μL的氯仿-异戊醇溶液，轻轻颠倒离心管几次，冰上放置5 min。

（5）室温 12000 r/min 离心 15 min，将上清液转至另一离心管中。

（6）重复步骤4和5一次。

（7）取步骤6的上清液加入2/3 体积的异丙醇，螺旋状混匀，-20 ℃放置30 min。

（8）12000 r/min 离心 15 min，弃去上清液。

（9）上清液用200 μL 75% 乙醇清洗，中途更换洗液 1～2 次。

（10）倒去乙醇，晾干 DNA，加入500 μL TE，充分溶解DNA。

（11）加入约20 μL RNaseA（10 mg/mL），于37 ℃下温浴30 min。

（12）分别用苯酚：氯仿：异戊醇（25：24：1）和氯仿：异戊醇（24：1）溶液抽提一次。

（13）上清液转至新离心管中，加入1/10 体积的3 mol/L NaAc（pH5.2）和等体积异丙醇溶液，-20 ℃放置30 min。

（14） 12000 r/min 离心 15 min，75% 乙醇清洗，晾干 DNA，加入 50 μL TE（pH8.0）充分溶解DNA。

（15）电泳检测 DNA 质量（紫外吸收法检测DNA纯度和浓度），于-20 ℃ 保存备用。DNA 纯品A_{260}/A_{280}为1.8，大于1.9 是有 RNA 污染，小于1.6 时有蛋白质或酚污染（280 nm 为蛋白质的吸光值）。

六、DNA含量和质量的测定

1.紫外分光光度法

测定提取的DNA在260 nm和280 nm处的吸光值，得出A_{260}/A_{280}的值以及DNA和蛋白质浓度。如蛋白质浓度过高，需纯化。

A_{260}值=1时，相当于含50 μg/mL DNA。

A_{260}/A_{280}=1.8～1.9时，DNA较纯。

A_{260}值小于1.8时，蛋白质含量较高，大于2.0则含有RNA或有断裂DNA。

2.琼脂糖凝胶电泳

配制1.0%琼脂糖凝胶，在0.5×TAE缓冲液中，电压10 V/cm电泳约20 min，溴化乙锭染色20 min，在凝胶成像系统上观察并拍照。

琼脂糖凝胶电泳的具体方法如下：

（1）根据所需浓度称取一定量的琼脂糖，加入一定量的1×TAE缓冲液，加热使琼脂糖溶解。

（2）溶液冷至60 ℃时，若需要，则加入溴化乙锭至终浓度为0.5 μg/mL（也可以在电泳之后再进行染色）。

（3）琼脂糖倒入制胶模具，凝胶厚度一般为0.3~0.5 cm。迅速在模具一端插上梳子，检查有无气泡。

（4）室温下放置30~45 min后，至琼脂糖溶液完全凝固，小心取出梳子将凝胶放置于电泳槽中。

（5）加入电泳缓冲液至电泳槽中，让液面略高于胶面约1 mm，凝胶两端的电压与外加电压相等。

（6）在DNA样品中按说明加入上样缓冲液，混匀后用移液枪将加样混合液加入样品孔中。

（7）接通电泳槽与电泳仪的电源，电压宜选择5～10 V/cm。

（8）根据指示剂迁移的位置来判定是否终止电泳，一般当溴酚蓝染料移动到距凝胶前沿1～2 cm处停止电泳。切断电源后再取出凝胶，未加EB的凝胶需要在含有EB的缓冲液中浸泡20～25 min。

（9）取凝胶在凝胶成像系统中检测电泳结果，拍照。

七、注意事项

（1）叶片磨得越细越好。

（2）由于植物细胞中含有大量的DNA酶，因此，除在抽提液中加入EDTA抑制酶的活性外，第一步的操作应迅速，以免组织解冻，导致细胞裂解，释放出DNA酶，使DNA降解。

八、思考题

（1）本实验中所用到的各种试剂（CTAB、氯仿、异丙醇、75%乙醇和EDTA）的作用是什么？

（2）提取基因组DNA应注意什么问题？

实验1-2　植物总RNA的提取

一、实验原理

Trizol试剂是由苯酚和硫氰酸胍配制而成的快速抽提总RNA的试剂，在匀浆和裂解过程中，其能破碎细胞、降解蛋白质和其他成分，使蛋白质与核酸分离，RNA酶失活，同时能保持RNA的完整性。在氯仿抽提、离心分离后，RNA处于水相中，将水相转管后用异丙醇沉淀RNA，即可获得总RNA。

二、实验目的

（1）了解真核生物基因组RNA提取的原理；

（2）掌握Trizol提取RNA的方法和步骤；

（3）了解RNA纯度的检测方法。

三、实验仪器与试剂

1. 实验仪器

冷冻高速离心机、低温冰箱、移液器、核酸电泳系统、凝胶成像系统等。

2. 实验试剂

（1）无RNA酶的无菌水：用高温烘烤过的玻璃瓶（180 ℃，2 h）装蒸馏水，然后加入0.01%的DEPC，处理过夜后高压灭菌。

（2）75%乙醇：用DEPC水配制75%乙醇（用高温灭菌器皿配制），然后装入高温烘烤的玻璃瓶中，存放于4 ℃冰箱。

（3）氯仿：异戊醇＝24：1。

（4）氯仿、异丙醇、无水乙醇、70%乙醇。

（5）Trizol试剂（1 L）：苯酚饱和液（38%）380 mL，硫氰酸胍盐（0.8 mol/L）118.16 g，硫氰酸铵（0.4 mol/L）76.12 g，醋酸钠（pH 5.0，0.1 mol/L）33.4 mL，甘油 50 mL。

四、实验材料

植物叶片。

五、实验步骤

（1）称取0.1 g植物叶片，液氮研磨；

（2）加入1.0 mL Trizol试剂，研磨成匀浆，转入1.5 mL离心管；

（3）冰上放置5～10 min，以利于核酸蛋白质复合体的解离；

（4）加入200 μL氯仿，盖紧离心管，涡旋震荡15 s，冰上静置5 min；

（5）12000 r/min离心10 min；

（6）取上清液，重复步骤4和5；

（7）取上清液，加入等体积异丙醇，-20 ℃放置20 min，12000 r/min离心10 min；

（8）弃上清液，加入0.5 mL 70%乙醇清洗沉淀，重复2次；

（9）弃去上清液，室温干燥5～10 min（不要干燥过分，否则会降低RNA的溶解度），将RNA溶于50 μL TE或DEPC水中。

六、RNA含量和质量的测定

（1）紫外分光光度计检测含量：

$A_{260}/A_{280}>1.8$

$A_{260}=$ 约40 μg/mL RNA

（2）用1.5%琼脂糖电泳检测RNA质量，看其有无降解。

七、注意事项

（1）Trizol、DEPC等有毒，与皮肤接触会引起伤害。操作过程须戴手套，在通风条件下进行。

（2）避免RNase进入样品，戴手套，别用手碰任何与样品接触的物品。使用新的已灭活RNase的塑料器皿与用具。

（3）RNase高温高压难于将其灭活。RNA抽提的关键是要严防RNase的污染，创造一个无RNase的环境。

（4）焦碳酸二乙酯（DEPC），分子式为$C_2H_5—O—CO—O—CO—O—C_2H_5$，为黏性液体，是极强的RNase抑制剂，作用机制是通过与蛋白质中的组氨酸结合，使蛋白质变性。DEPC可将Tris分解成二氧化碳和乙醇，因此含有Tris的溶液不能用DEPC直接处理，须用灭菌的DEPC水配制。

（5）RNA抽提所用溶液、器皿均须经过DEPC的特殊处理。操作时应在空气清洁的地方，须戴一次性手套，严防RNase污染。RNA纯化阶段最好在超净工作台上进行，以防温度较高时RNA发生降解。

（6）溶液处理方法：每1000 mL溶液加入100 μL DEPC用磁力搅拌器搅拌过夜，高温高压灭菌即可。

（7）器皿、离心管等处理方法：在大容器中加入双蒸水 和DEPC，用磁力搅拌器搅拌4～5 h，然后将器皿、离心管放入含有DEPC水的大容器中（注意：离心管、枪头必须完全被DEPC水浸润），浸泡过夜，捞出沥尽DEPC水放入专用盒子，高温高压灭菌后烘干。

（8）DEPC有毒，具有致癌作用，操作时戴手套，防止其与皮肤直接接触。DEPC高温高压灭菌后发生分解。

（9）抽提RNA所使用的酒精、异丙醇、氯仿一般都要专用，防止RNase污染，并在瓶子上标记RNA专用。

八、思考题

（1）提取植物总RNA应注意什么问题？

（2）在提取植株种子和多糖材料的RNA时，可以用什么方法？

实验2　PCR扩增和琼脂糖凝胶电泳实验

一、实验原理

PCR反应原理：首先使双链DNA热变性成单链，然后在低温下与引物退火，使引物与单链DNA结合，再在中温下利用Taq DNA聚合酶的聚合活性及热稳定性进行聚合反应。每经过1次变性、退火、延伸为1个循环，通过3个不同温度的重复循环，在经过约30次后，所扩增的特定DNA序列的数量可增至10^7倍，由于一轮扩增的产物又充当下一轮扩增的模板，所以在这周而复始的过程中每完成一个循环，就基本上使目的DNA增加1倍。

变性（denaturation）：双链DNA在（92～96）℃变性成单链DNA。

退火（annealing）：引物在（45～72）℃与模板的互补区域相结合。

延伸（extension）：在72 ℃条件下，DNA聚合酶将dNTP连续加到引物的3'-OH端，DNA链的延伸方向为5'-3'。

DNA琼脂糖凝胶电泳原理：DNA分子在碱性环境中带负电荷，外加电场作用下，向正极泳动。不同的DNA片段由于其电荷、分子量大小及构型的不同，在电泳时的泳动速率就不同，从而可以区分出不同的区带，电泳后经溴化乙锭（EB）染色；在波长254 nm紫外光照射下，DNA呈现橙红色荧光。

溴化乙锭检测DNA，灵敏度很高，琼脂糖凝胶电泳所需DNA样品量仅为0.05～0.1 μg即可检出。

二、实验目的

（1）掌握PCR反应的原理和方法；

（2）掌握琼脂糖凝胶电泳分离和鉴定DNA的原理和方法。

三、实验仪器与试剂

1. 实验仪器

超净工作台、回转式恒温调速摇床、培养箱、冷冻离心机、PCR仪、电泳仪、水平电泳槽、紫外凝胶成像系统、紫外分光光度计、恒温水浴锅、微波炉等。

2. 实验试剂

DL2000 Marker、TaqDNA聚合酶、dNTP、$MgCl_2$、琼脂糖、溴酚蓝、6× loading buf、EB、引物、TAE buf。

四、实验材料

以拟南芥基因组DNA为模板。

五、实验步骤

1. 设计PCR反应体系

根据PCR反应体系的组成和要求，设计20 μL或50 μL的反应体系，可以以表8-1 20 μL PCR反应体系为参考。

表8-1　PCR反应体系

组分	原液浓度	加量(μL)	终浓度
Buffer	10×	5	1×
dNTP	10 mmol/L	1	0.2 mmol/L
引物1	5 μmol/L	1	0.1 μmol/L
引物2	5 μmol/L	1	0.1 μmol/L
Taq酶	5 U/μL	0.2	0.2 U/μL
模板DNA	0.218 mg/μL	1	4.36 μg/μL
$MgCl_2$		7	
双蒸水		33.8	
总体积		50	

2. PCR反应

PCR反应过程学生自行设计，可参考表8-2。

表8-2 PCR反应过程

名称	温度条件(℃)	时间
热启动	94	5 min
变性	94	1 min
退火	52	1 min
延伸	72	1.5 min
循环		30次
结束	72	10 min

3. 对PCR反应产物进行琼脂糖凝胶电泳分离和鉴定

对PCR反应产物进行琼脂糖凝胶电泳分离和鉴定见表8-3。

表8-3 琼脂糖凝胶浓度与线性DNA最佳分辨范围

琼脂糖凝胶浓度(%)	线性DNA最佳分辨范围(bp)
0.5	1000～30000
0.7	800～12000
1.0	500～10000
1.2	400～7000
1.5	200～3000
2.0	50～2000

六、注意事项

（1）引物应该用专门的软件设计，注意两条引物的 *T*m 值大致相等，GC 含量较均一，引物自身以及引物之间不形成强的二级结构，特别是引物的3’端。

（2）$MgCl_2$ 浓度依不同的模板和引物而定，$MgCl_2$ 的浓度对PCR反应结果影响很大。

（3）如果用于 PCR 的模板GC 含量高，可加DMSO，其浓度可在0%～10%之间变化。

（4）对高GC含量的模板，预变性的时间也可适当延长，甚至先在沸水中煮5 min，然后迅速放入冰中。如果使用预变性温度高或时间长，一般要使用“热启动”，即在预变性后再加入酶，这样一则可以保护酶，二则可以避免低温时酶的非特异性扩增。

（5）复性温度依引物 *T*m 值及引物与模板的匹配程度而定，提高复性温度可提高扩增的特异性，而当无扩增条带时，可适当降低复性温度。

（6）延伸时间可根据扩增区域的长度确定，扩增区域越长，延伸时间越长。一般Taq酶平均每分钟延伸1000 bp。

（7）进行实际的PCR操作时，由于每种成分加样量都极小，容易造成很大的相对误差，因此，通常将各组分按需要量预装于一较大离心管中，充分振荡混匀，再行分装。由于加样过程存在误差，配制反应液时，应考虑多加1～2份，例如配制11份的量可能只能分装10个离心管。

（8）为了防止高温非特异扩增发生，PCR反应液需在冰上操作。

（9）PCR反应相当灵敏，吸取各组分时及时更换枪头，严防交叉污染，出现扩增假象。每次PCR反应应设一阴性对照，其余成分完全相同，只是DNA用水代替，如果阴性对照出现扩增条带，说明可能有污染，需要认真查明原因。

实验3 基因克隆（RT-PCR）

一、实验原理

提取组织或细胞中的总RNA，以其中的mRNA作为模板，采用Oligo（dT）或随机引物利用逆转录酶反转录成cDNA。再以cDNA为模板进行PCR扩增，从而获得目的基因或检测基因表达（图8-1）。RT-PCR检测的灵敏性提高了几个数量级，使一些极为微量RNA样品分析成为可能。该技术主要用于分析基因的转录产物、获取目的基因、合成cDNA探针、构建RNA高效转录系统等。

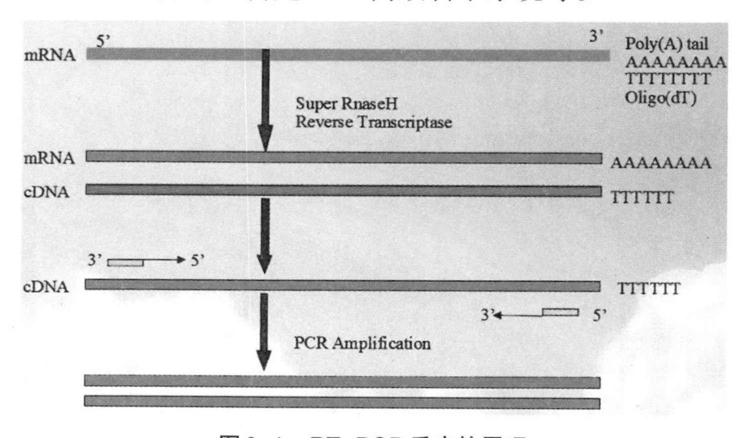

图8-1 RT-PCR反应的原理

1. 反转录酶的选择

（1）Moloney鼠白血病病毒（M-MLV）反转录酶：有强的聚合酶活性，RNA酶H活性相对较弱。其最适作用温度为37 ℃。

（2）禽成髓细胞瘤病毒（AMV）反转录酶：有强的聚合酶活性和RNA酶H活性。其最适作用温度为42 ℃。

（3）Thermus thermophilus、Thermus flavus等嗜热微生物的热稳定性反转录酶：在Mn^{2+}存在下，允许高温反转录RNA，以消除RNA模板的二级结构。

（4）M-MLV反转录酶的RNase H^-突变体：商品名为SuperScript和SuperScript

Ⅱ。此种酶与其他酶比较，能将更大部分的RNA转换成cDNA，这一特性允许从含二级结构的、低温反转录很困难的模板合成较长的cDNA。

2. 合成cDNA引物的选择

（1）随机六聚体引物：当特定mRNA由于含有使反转录酶终止的序列而难以拷贝其全长序列时，可采用随机六聚体引物这一不特异的引物来拷贝全长mRNA。用这种方法时，体系中所有RNA分子全部充当了cDNA第一链模板，PCR引物在扩增过程中赋予所需要的特异性。通常用此引物合成的cDNA中96%来源于rRNA。

（2）Oligo（dT）：是一种对mRNA特异的引物。绝大多数真核细胞mRNA具有3’端Poly（A）尾，此引物与其配对，仅mRNA被转录。由于Poly（A）RNA仅占总RNA的1%～4%，故此种引物合成的cDNA比随机六聚体作为引物得到的cDNA在数量和复杂性方面均要小。

（3）特异性引物：最特异的反转录方法是用含目标RNA的互补序列的寡核苷酸作为引物，若PCR反应用两种特异性引物，第一条链的合成可由与mRNA 3’端最靠近的配对引物起始。用此类引物仅产生所需要的cDNA，获得更为特异的PCR扩增产物。

二、实验目的

掌握RT-PCR反应的原理和方法。

三、 实验仪器与试剂

1. 实验仪器

超净工作台、冷冻离心机、PCR仪、电泳仪、水平电泳槽、紫外凝胶成像系统、恒温水浴锅、移液器、微波炉。

2. 实验试剂

RNA提取试剂盒，第一链cDNA合成试剂盒，dNTP mix含2 mmol/L dATP、dCTP、dGTP、dTTP，Taq DNA聚合酶，琼脂糖电泳所需试剂（参见前面内容）。

四、实验材料

植物新鲜叶片。

五、实验步骤

（1）总RNA的提取（参见本章1-2内容）。

（2）利用RQ1 RNase-Free DNAase方法处理RNA以除去基因组DNA。

（3）RT-PCR（20 μL）：在PCR管中依次加入RNA 2 μg、Oligo（dT） 1.0 μL、Random1.0 μL，H_2O补足体积至14 μL；65 ℃加热5 min，立即将离心管冰浴5 min。然后加入下列试剂：RT-Buffer（5×）4.0 μL、M-MLV1.0 μL、dNTP（10 mmol/L）1.0 μL，37 ℃反应10 min，42 ℃反应50 min。

（4）PCR扩增：取2.0 μL为模板，按照前面章节方法进行PCR扩增与鉴定。

六、注意事项

（1）在实验过程中要防止RNA的降解，保持RNA的完整性。

（2）为了防止非特异性扩增，必须设阴性对照。

（3）内参的设定：主要为了用于RNA定量。常用的内参有G3PD（甘油醛-3-磷酸脱氢酶）、β-Actin（β-肌动蛋白）等。其目的在于避免RNA定量误差、加样误差以及各PCR反应体系中扩增效率不均一、各孔间的温度差等所造成的误差。

（4）PCR不能进入平台期，出现平台效应与所扩增的目的基因的长度、序列、二级结构以及目标DNA起始的数量有关。故对于每一个目标序列出现平台效应的循环数，均应通过单独实验来确定。

（5）防止DNA的污染：采用DNA酶处理RNA样品，在可能的情况下，将PCR引物置于基因的不同外显子，以消除基因和mRNA的共线性。

（6）所有的玻璃器皿使用前均应在180 ℃的高温下干烤6 h或更长时间。

（7）塑料器皿可用0.1%的DEPC水浸泡或用氯仿冲洗（注意：有机玻璃器具因可被氯仿腐蚀，故不能使用）。

（8）有机玻璃的电泳槽等，可先用去污剂洗涤，双蒸水冲洗，乙醇干燥，再浸泡在3% H_2O_2中，室温消毒10 min，然后用0.1% DEPC水冲洗，晾干。

（9）配制的溶液应尽可能地用0.1% DEPC，在室温处理12 h以上，然后高压灭菌除去DEPC。不能高压灭菌的试剂，应当用DEPC处理过的无菌双蒸水配制。

（10）操作人员戴一次性口罩、帽子、手套，实验过程中手套要勤换。

实验4 大肠杆菌感受态细胞的制备及转化

一、实验原理

细菌处于容易吸收外源DNA的状态叫感受态。转化是指质粒DNA或以它为载体构建的重组子导入细菌的过程。其原理是在0 ℃下的$CaCl_2$低渗溶液中，细菌细胞膨胀成球形。转化缓冲液中的DNA形成不易被DNA酶所降解的羟基-钙磷酸复合物，此复合物黏附于细菌细胞表面。42 ℃短时间热处理（热休克），可以促进细胞吸收DNA复合物。将处理后的细菌放置在非选择性培养液中保温一段时间，促使在转化过程中获得的新的表型（如Amp抗性）得到表达，然后再涂布于含有氨苄青霉素的选择性平板上，37 ℃培养过夜，这样即可得到转化的菌落。

二、实验目的

了解大肠杆菌感受态细胞的制备及转化的原理及方法。

三、实验仪器与试剂

1. 实验仪器

低温高速离心机、恒温摇床、恒温箱、-20 ℃冰箱、恒温水浴器、高压灭菌锅、超净工作台、移液器、培养皿等。

2. 实验试剂

（1）快速感受态细菌制备试剂盒。

（2）LB液体培养液：在950 mL去离子水中加入胰蛋白胨10.0 g，酵母提取物5.0 g，NaCl 10.0 g，摇动容器直至溶质完全溶解，用NaOH调节pH至7.0，加入去离子水至总体积为1 L，121 ℃湿热灭菌20 min。

（3）LB固体培养基：LB液体培养基加入1.5%琼脂，121 ℃湿热灭菌20 min，待温度冷却到（50～60）℃时，加入Amp，终浓度为50 μg/mL。

（4）0.1 mol/L $CaCl_2$（含15%甘油）。

（5）0.1 mol/L $CaCl_2$（不含15%甘油）。

（6）Amp（氨苄青霉素）：用无菌水配制成50 mg/mL溶液，置-20 ℃冰箱保存备用。

四、实验材料

大肠杆菌DH5α与质粒pUC19。

五、实验步骤

1. 感受态细菌制备

（1）以1∶100的比例吸取过夜菌液（250 μL）加入25 mL LB液体培养基中，37 ℃，200 r/min振荡培养2～3 h至A_{600}达到0.5左右。

（2）将25 mL菌液移至预冷的50 mL离心管中，在冰上放置30 min，使培养物冷却到0 ℃。

（3）于4 ℃，以4000 r/min离心10 min，回收细胞。

（4）倒出培养液，将管倒置1 min（滤纸或吸水纸上），使最后残留的痕量培养液流尽。

（5）每50 mL菌液用10 mL预冷的0.1 mol/L的$CaCl_2$重悬每份沉淀，放置于冰浴上30 min。

（6）于4 ℃，以4000 r/min离心10 min，回收细胞。

（7）倒出培养液，将管倒置1 min（滤纸或吸水纸上），使最后残留的痕量培养液流尽。

（8）每50 mL初始培养物用2 mL用冰预冷的0.1 mol/L的$CaCl_2$（含15%甘油）重悬每份细胞沉淀。

（9）在冰上将细胞分装成小份，每份100 μL，放于-70 ℃冻存。

（10）如果当天要用，最好将制好的感受态细胞在4 ℃放置4 h后再用，效果较好。制备好的感受态细胞在4 ℃放置24～48 h内使用，不影响效果。

2. 转化

（1）新鲜制备的或-20 ℃下保存的100 μL感受态细胞，置于冰上，完全解冰后轻轻地将细胞均匀悬浮。

（2）加入2 μL pUC19质粒，DNA浓度为10×10^{-3} ng/mL，轻轻混匀。

（3）冰上放置30 min。

（4）42 ℃水浴热激60 s。

（5）冰上放置2 min。

（6）加800 μL LB培养液，37 ℃ 250 r/min振荡培养30 min。

（7）室温下4000 r/min离心5 min，用枪头吸掉600 μL上清液，用剩余的培养液将细胞悬浮。

（8）将细菌涂布在Amp/LB琼脂平板上。

（9）平皿在37 ℃下正向放置适当时间，待接种的液体吸收进琼脂后，将平皿倒置，培养过夜。

（10）经37 ℃培养过夜后，在Amp/LB琼脂平板上出现的菌落即为转化pUC19质粒的大肠杆菌。

六、注意事项

（1）细胞生长状态和密度：不要用经过多次转接或储于4 ℃的培养菌，最好从-70 ℃甘油保存的菌种中直接转接用于制备感受态细胞的菌液。细胞生长密度以刚进入对数生长期时为好，密度过高或不足均会影响转化效率。

（2）质粒的质量和浓度：用于转化的质粒DNA应主要是超螺旋态DNA（ccDNA）。转化效率与外源DNA的浓度在一定范围内成正比，但当加入的外源DNA量过多或体积过大时，转化效率就会降低。1 ng的ccDNA即可使50 μL的感受态细胞达到饱和。一般情况下，DNA溶液的体积不应超过感受态细胞体积的5%。

（3）试剂的质量：所用的试剂，如$CaCl_2$等均须是最高纯度的，并用超纯水配制。

（4）防止杂菌和外源DNA的污染：整个操作过程均应在无菌条件下进行，所用器皿，如离心管、枪头等需经高压灭菌处理，所有的试剂都要灭菌，且注意防止被其他试剂、DNA酶所污染，否则均会影响转化效率。

实验5　质粒DNA的提取

一、实验原理

碱裂解法提取质粒利用的是共价闭合环状质粒DNA与线状的染色体DNA片段在拓扑学上的差异来分离它们。当pH值介于12.0～12.5这个狭窄的范围内，线状的DNA双螺旋结构解开变性，在这样的条件下，共价闭环质粒DNA的氢键虽然断裂，但两条互补链彼此依然相互盘绕而紧密地结合在一起。当加入pH4.8的醋酸钠高盐缓冲液使pH降低后，共价闭合环状的质粒DNA的两条互补链迅速而准确地复性，而线状的染色体DNA的两条互补链彼此已完全分开，不能迅速而准确地复性，它们缠绕形成网状结构。通过离心，染色体DNA与不稳定的大分子RNA、蛋白质-SDS复合物等一起沉淀下来，而质粒DNA却留在上清液中。

一般提取的质粒有3种构型：超螺旋的共价闭合环状DNA；开环DNA，即共价闭合环状质粒DNA，有一条链断裂；线状质粒DNA，即质粒DNA在同一处两条链都发生断裂。由于这3种构型的质粒DNA分子在凝胶电泳中的迁移率不同，因此通常抽提的质粒在电泳后往往出现3条条带，其中超螺旋质粒DNA泳动最快，其次为线状DNA，最慢的为开环质粒DNA。

二、实验目的

了解质粒DNA提取的原理与方法。

三、实验仪器与试剂

1.实验仪器

恒温培养箱、恒温摇床、小型高速离心机、高压灭菌锅、移液器等。

2.实验试剂

质粒小量制备试剂盒。

四、实验材料

含pUC19质粒的DH5α。

五、实验步骤

（1）将10 mL含Amp的LB液体培养基加到摇菌管中，接入含pUC19的DH5α，37 ℃振荡培养过夜。

（2）将过夜培养的2～5 mL细菌，10000 r/min高速离心1 min，彻底去除上清液。

（3）加入1 μL Solution Ⅰ，用枪头或振荡器充分悬浮细菌。

（4）加入2 μL Solution Ⅱ，立即上下颠倒或用手指弹管底，使细菌裂解，室温放置（2 min左右）至溶液变成澄清。

（5）加入4 μL Solution Ⅲ，立即上下颠倒5～10次，使之充分中和，室温放置2 min。注意：步骤2和3在冰上操作效果更佳。

（6）12000 r/min，离心10 min。

（7）取出样品收集管和3S柱，在管壁标上样品号，将步骤5中的上清液全部转移到（吸或倒入）3S柱里，室温放置2 min；台式离心机室温12000 r/min，离心1 min。注意：转移上清时不要吸取沉淀，否则会出现基因组DNA和蛋白质污染。离心管盖子盖上时，柱子内压的增加可能会使部分溶液从柱子底部流出，这为正常现象。

（8）取下3S柱，弃去收集管中的废液，将3S柱放入同一支收集管中，吸取700 μL Wash Solution到3S柱，离心1 min。

（9）重复步骤7一次。

（10）取下3S柱，弃去收集管中的废液，将3S柱放入同一支收集管中，高速离心2 min。

（11）将3S柱放入干净的1.5 mL的离心管中，在3S柱子膜中央加50 μLTE或水，不要盖上离心管盖，室温下放置2 min；盖上离心管盖，室温高速离心1 min。注意：将TE或水预热到50 ℃左右可以提高洗脱效率。测序质粒用30 μL预热的水洗脱，浓度一般满足测序要求。

（12）洗脱的质粒可以立即用于各种分子生物学操作或-20 ℃保存备用。1 mL过夜培养细胞，质粒如果用50 μL水洗脱，通常情况下可以取2～5 μL洗脱液做Agarose电泳。

（13）质粒的琼脂糖凝胶电泳：将5 μL洗脱液与3 μL的DNA样品缓冲液混合，

加于1.0% Agarose做凝胶电泳分析。

六、注意事项

（1）溶液Ⅰ：加入后一定要充分悬浮细菌，要保证看不到结块的菌，否则细菌不易被裂解，质粒产量会显著下降。

（2）溶液Ⅱ：在室温较低时特别是在冬天，容易产生沉淀。如果有沉淀产生，一定要水浴加热溶解，并混匀后才能使用。

（3）如果抗生素失效，或浓度太低可能会导致杂菌大量扩增，从而得不到质粒或得到很少质粒。大肠杆菌生长时间过长或过短，也会导致抽提不到质粒或质粒产量很低。

（4）一般对数期的细菌最适合质粒抽提。DH5a、JM109等菌一般以37 ℃摇过夜，约16 h比较合适，而TG1等生长较为快速的菌不宜摇过夜。细菌量以加入裂解液后能裂解成透明溶液为上限，适当多一些的菌量，可以得到更多的质粒。

实验6 DNA重组

一、实验原理

DNA重组是将外源DNA与载体分子连接，这样重新组合的DNA叫作重组体或重组子。DNA重组的方法主要有黏端连接法和平端连接法。重组的DNA分子是在DNA连接酶的作用下，在Mg^{2+}、ATP存在的连接缓冲系统中，将分别经酶切的载体分子与外源DNA分子进行连接。常用的DNA连接酶是T4噬菌体DNA连接酶，它不但能使黏性末端的DNA分子连在一起，而且能使平末端的双链DNA分子连接起来，但这种连接的效率比黏性末端的连接效率低，一般可通过提高T4噬菌体DNA连接酶浓度或增加DNA浓度来提高平末端的连接效率。如果是单酶切，为了防止载体本身的自身连接，可以用牛小肠碱性磷酸酶（CIP）处理，去掉酶切后5’端的磷酸。这样做能有效防止质粒的自身环化，降低转化的背景，大大提高重组子的筛出效率。连接反应的温度在37 ℃时有利于连接酶的活性，但是在这样的温度下，黏性末端的氢键结合是不稳定的。一般的连接条件是在（12～16）℃，反应12～16 h（过夜），这样既可最大限度地发挥连接酶的活性，又兼顾到黏性末端短暂配对结构的稳定。连接产物转化宿主细胞后，还须对转化菌落进行筛选鉴定，挑选出所需的重组质粒。

二、实验目的

掌握DNA重组的原理与基本方法。

三、实验仪器与试剂

1. 实验仪器

恒温摇床、恒温水浴锅、恒温培养箱、小型高速离心机、培养皿、接种针、金属涂棒、酒精灯、镊子、灭菌牙签等。

2. 实验试剂

氨苄青霉素、BamHI、HindⅢ、T4 DNA连接酶、DNA琼脂糖胶纯化试剂盒。

四、实验材料

pQE-31质粒。

五、实验步骤

（1）在灭菌的1.5 mL离心管中，加入pQE-31质粒10 μL、2 μL酶切缓冲液（10×）、0.5 μL BamHI、0.5 μL HindⅢ，用无菌水补充反应液总体积为20 μL，离心混匀，37 ℃反应2 h。

（2）反应完毕后取2 μL pQE-31质粒的酶切液做电泳分析，检验酶切是否完全。酶切完全，进行下一步。

（3）将酶切处理后的pQE-31质粒，上样跑琼脂糖凝胶电泳（注意加DNA分子量要标准）。电泳结束后用DNA琼脂糖胶纯化试剂盒按照试剂盒说明书的方法回收DNA片段。

（4）将回收的pQE-31载体质粒均分为两份，其中一份与酶切后回收的CAT片段混合，做连接；另一份不加CAT片段，做对照。

（5）在1 μL DNA样品中，加T4 DNA连接酶缓冲液1 μL，T4 DNA连接酶1 μL，室温过夜，然后做大肠杆菌的转化。

（6）转化感受态细胞（用前面实验制备的感受态细胞，-20℃保存的）。操作参照本章相关实验，同时做未加CAT片段的空白pQE-31载体质粒连接处理后的感受态细胞转化的对照。

（7）过夜培养后，实验组和对照组的两个培养皿上都可能会出现一些菌落。如果实验组的菌落数明显多于对照组的菌落，则是好现象，但实验组中出现的菌落是否含有所需的DNA重组子还需进一步鉴定。

（8）从Agarose胶中回收重组的DNA（试剂盒）。

（9）酶切鉴定获得的重组质粒。

实验7 GFP蛋白在大肠杆菌中的诱导表达和纯化

一、实验原理

把含有外源基因的表达载体转化大肠杆菌在含抗生素和诱导物的条件下培养，可诱导外源蛋白在大肠杆菌中表达。利用溶菌酶、反复冻融或超声波破碎的方法将细菌的细胞壁破碎后，可使可溶性的外源蛋白释放出来，再利用硫酸铵沉淀、蛋白质层析技术和制备电泳等方法能够将外源蛋白分离纯化出来。有些过量表达的外源蛋白往往在细菌中形成不溶性的包涵体，细胞破碎、离心后这些包涵体出现在沉淀中，这样的蛋白需要用高浓度的尿素或SDS变性处理后才能溶解。超声破碎时要产生大量的热，会引起蛋白的变性。为了避免产生高温，超声时一般使用间隔的脉冲处理，而且应在冰浴中进行。本实验使用超声波破碎法抽提蛋白，因为表达的绿色荧光蛋白（green fluorescent protein，GFP）比较耐高温，故省去了冰浴。

二、实验目的

（1）了解GFP在大肠杆菌中的诱导表达原理和方法；

（2）学会细菌蛋白的超声破碎抽提方法。

三、实验仪器与试剂

1. 实验仪器

恒温摇床、小型高速离心机、超声波组织细胞破碎仪、玻璃试管、移液器。

2. 实验试剂

LB培养液、氨苄青霉素、L-阿拉伯糖、硫酸铵、细菌蛋白抽提液［100 mmol/L NaCl、10 mmol/L EDTA（pH 8.0）］。

四、实验材料

pGLO转化的大肠杆菌

五、实验步骤

1. 大肠杆菌的诱导培养

从Amp^+/LB琼脂板上培养的pGLO转化的大肠杆菌中挑取2～3个菌落，接种于Amp^+（终浓度为50 μg/mL）的5 mL LB的摇菌管中，培养两管，放恒温摇床中，37 ℃培养过夜。将其中一管保存于4 ℃，另一管所有的培养物加到装有150 mL LB培养液的三角瓶中，加入L-阿拉伯糖干粉150 mg和氨卞青霉素（终浓度为50 μg/mL），恒温摇床上37 ℃振荡培养过夜。

2. 超声破碎抽提GFP蛋白

将诱导培养的大肠杆菌培养物转移到数只5 mL离心管中，8000 r/min离心5 min，弃去上清液后，在沉淀上面再加培养物，继续离心，将所有的培养物都收集在一起。每管中加入1.5 mL的细菌蛋白抽提液，用枪吹打，使沉淀悬浮。将离心管放在小试管架上，将超声波破碎仪的金属头插到离心管中，调整好试管的位置后关上超声破碎仪的门，打开仪器的电源，对每支离心管中的菌体进行超声破碎。条件为：功率80 W，工作2 s，间隔2 s，每一次处理5个循环。

4次处理后，8000 r/min离心5 min。取出离心管，在紫光灯下观察离心管底的沉淀，如果大量沉淀仍然为绿色，则说明破碎不够，继续按前面方法超声处理2次，然后离心。如果仅有很少的绿色沉淀或根本看不到，说明破碎完全。

小心吸出上清液，集中放到干净的5 mL离心管中，体积不要超过4 mL，逐步地加入少量硫酸铵干粉，使达到饱和，8000 r/min离心5 min。将离心管取出，放紫光灯下观察，沉淀中应该能看到明亮的绿色荧光。将上清液倾去，蛋白沉淀物4 ℃保存，或冷冻于-20 ℃。

实验8　SDS-聚丙烯酰胺凝胶电泳检测GFP蛋白表达

一、实验原理

聚丙烯酰胺凝胶电泳（polyacrylamide gel electrophoresis，PAGE）是以聚丙烯酰胺凝胶作为支持介质进行蛋白质或核酸分离的一种电泳方法。聚丙烯酰胺凝胶是由丙烯酰胺单体（acrylamide，ACR）和交联剂N,N-甲叉双丙烯酰胺（N,N-methylene bisacrylsmide，BIS）在催化剂的作用下聚合交联而成的三维网状结构的凝胶。通过改变单体浓度与交联剂的比例，可以得到不同孔径的凝胶，用于分离分子量大小不同的物质。聚丙烯酰胺凝胶聚合的催化体系多采用过硫酸铵和加速剂为N,N,N,N-四甲基乙二胺（TEMED），控制这两种溶液的用量，可加速并使聚合快速完成。聚丙烯酰胺凝胶电泳常分为两大类：第一类为连续的凝胶（仅有分离胶）电泳；第二类为不连续的凝胶（浓缩胶和分离胶）电泳。

不连续聚丙烯酰胺凝胶电泳有三种效应：一是电荷效应（电泳物所带电荷的差异性）；二是凝胶的分子筛效应（凝胶的网状结构及电泳物的大小形状不同所致）；三是浓缩效应（浓缩胶与分离胶中聚丙烯酰胺的浓度及pH的不同，即不连续性所致）。

本实验目的是使学生了解并学会如何进行不连续的凝胶电泳，并用考马斯亮蓝快速染色，以分离和鉴定大肠杆菌菌体、发酵液中和纯化的蛋白产物。

pGLO是将绿色荧光蛋白（GFP）的基因克隆在阿拉伯糖启动子之后的一种表达载体。携带有pGLO的大肠杆菌在含有相应诱导物和抗生素的条件下培养，可以表达GFP，这比不加诱导物的大肠杆菌在SDS-PAGE凝胶上要多出一条明显的条带。表达的蛋白也可用非变性的聚丙烯酰胺凝胶电泳检测，紫光灯下可以看到诱导后的样品在凝胶上有绿色荧光条带出现；还可以通过免疫印迹染色（Western-blotting）的方法，用GFP的抗体检测表达的外源蛋白。

二、实验目的

掌握SDS-聚丙烯酰胺凝胶电泳技术及原理。

三、实验仪器与试剂

1. 实验仪器

垂直板电泳槽及配套的玻璃板、梳子、电泳仪，干式恒温培养器，微波炉，微量进样器（50 μL），染色/脱色摇床，离心机等。

2. 实验试剂

（1）30% Arc-Bis（30∶0.8）：30 g Arc，0.8 g Bis，定容至100 mL；

（2）Stacking buffer（4×）：6.0% Tris，用HCl调pH 6.8；

（3）Separation buffer（8×）：36.3% Tris，用HCl调pH 8.8；

（4）电极缓冲液（10×）：30.3 g Tris，144 g glycine，定容至1000 mL；

（5）10% SDS（100×）；

（6）TEMED（2000×）；

（7）15% APS（200×）；

（8）上样缓冲液（2×）：10 mL Stacking buffer，8.0 g Glycerol，4 mL 2-mecapto-ethanol，0.02 g Bromophenol blue，用HCl调pH 6.8，定容至40 mL；

（9）SDS-PAGE 电极缓冲液（1×）：100 mL Electrode buffer（10×），10 mL 10% SDS，定容至1000 mL；

（10）Protein marker；

（11）染色液：R-250 0.5 g，Methanol 250 mL，Acetic acid 100 mL，定容至500 mL；

（12）脱色液：Methanol 25 mL，Acetic acid 15 mL，定容至 500 mL。

四、实验材料

pGLO表达质粒转化的大肠杆菌的培养物（以未诱导表达的作为对照）。

五、实验步骤

（1）胶板模型的安装。

（2）分离胶的制备［10 mL，可供两块板（11 cm × 10 cm）使用］见表8-1。

表8-1 分离胶的制备

成分	浓度				
	6%	10%	12%	15%	20%
去离子水(mL)	6.595	5.295	4.595	3.595	1.895
30% Arc-bis(mL)	2.0	3.3	4.0	5.0	6.7
separation buffer(mL)	1.25	1.25	1.25	1.25	1.25
10% SDS(mL)	0.1	0.1	0.1	0.1	0.1
15% APS(μL)	50	50	50	50	50
TEMED(μL)	5	5	5	5	5

配制好的混合液，用手轻摇混匀，小心将混合液注入准备好的玻璃板间隙中，为浓缩胶留足够的空间，轻轻在顶层加入几毫升去离子水覆盖，以阻止空气中氧对凝合的抑制作用。

刚加入水时可看出水与胶液之间有界面，后渐渐消失，不久又出现界面，这表明凝胶已聚合。再静置片刻使聚合完全，整个过程约需30 min（25 ℃室温）。

（3）浓缩胶的制备见表8-2。

表8-2 浓缩胶的制备

成分	4 mL(2块胶板)	2 mL(1块胶板)
去离子水(mL)	2.317	1.1585
30% Arc-Bis(mL)	0.533	0.2665
stacking buffer(mL)	1.0	0.5
10% SDS(mL)	0.04	0.02
10% APS(μL)	50	25
TEMED(μL)	5	5

（4）浓缩胶灌注，先把已聚合好的分离凝胶上层的水吸去，再用滤纸吸干残留的水液。混合后将其注入分离胶上端，插入梳子，小心避免气泡的出现。

（5）细菌培养物SDS-PAGE样品的制作：取细菌培养物1.5 mL加到1.5 mL离心管中，12000 r/min离心3 min，去上清液。在离心沉淀中加入100 μL蒸馏水，用枪头小心地吹打，使细菌充分悬浮，直到没有明显的小团块，然后加入等体积的2×样品缓冲液，在100 ℃沸水浴（或干式培养器）中保温5 min。此时如用枪头吸取样品，会发现非常黏稠，呈鼻涕状，这是因为样品中含有大量DNA的结果。将样品14000 r/min离心5 min，使不溶物沉淀下来，小心吸取上清液加样。

（6）按照每块胶板15 mA稳流电泳2～3 h。

（7）电泳结束后，去掉浓缩胶部分，分离胶放到塑料盒中染色。

（8）染色：凝胶在考马斯亮蓝染色液中染色20 min（摇床上缓慢振荡），然后倾去染色液（染色液回收，可反复用数十次），用自来水洗几下，去掉凝胶上和塑料盒中的染色残液。

（9）脱色：加脱色液脱色（摇床上缓慢振荡），1 h后换一次脱色液，振荡脱色过夜。彻底脱色后的凝胶蛋白条带清晰，背景透明干净。这时可以将凝胶拍照或用扫描仪进行扫描，作为永久记录。

（10）结果观察。染色后的聚丙烯酰胺凝胶上可见许多大大小小的条带。比较两个大肠杆菌样品，即经阿拉伯糖诱导的与未加阿拉伯糖诱导的，前者在约25 kD处明显多一条带，这就是GFP所在的位置。

实验9　拟南芥的遗传转化——花序浸蘸法

一、实验原理

农杆菌对双子叶植物的创伤部位浸染广泛，在某些条件下对单子叶植物也有一定的感染性。根癌农杆菌含有Ti（tumor-inducing plasmid）质粒，Ti 质粒上的T-DNA（transferred DNA）在vir区（virμLence region）基因产物的介导下可以插入到植物基因组中，诱导在宿主植物中瘤状物的形成（图8-2）。因此，将外源目的基因插入到T-DNA中，借助Ti质粒的功能，使目的基因转移进宿主植物中并进一步整合、表达。

双元表达载体系统主要包括两部分：一部分为卸甲Ti质粒，这类Ti质粒由于缺失了T-DNA区域，完全丧失了致瘤作用，主要是提供Vir基因功能，激活处于反式位置上的T-DNA的转移。另一部分是微型Ti质粒，它在T-DNA左右边界序列之间提供植株选择标记，如*Hyg*基因或*Lac* Z基因等。双元载体系统的转化原理是Ti质粒上的vir区基因可以反式激活T-DNA的转移。

二、实验目的

（1）学习真核生物的转基因技术及农杆菌介导的转化原理。

（2）掌握农杆菌介导转化拟南芥的实验方法，了解拟南芥的生理特点及在基因工程实验中的应用。

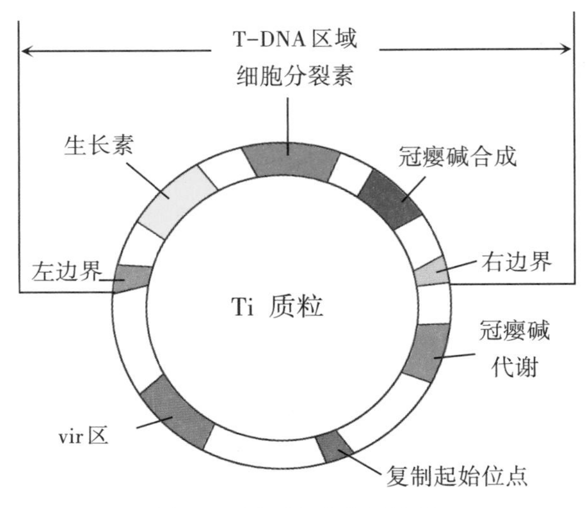

图8-2　Ti质粒结构示意图

三、实验仪器与试剂

1. 仪器设备

灭菌试管、400 mL烧杯、离心管（250 mL）。

2. 实验试剂

（1）YEB液体培养基，Kan（卡那霉素），Rif（利福平）。

（2）转化介质：1/2 MS，0.01 μg/mL 氨基嘌呤（BAP），0.03% silwet L-77，20 mg/L乙酰丁香酮，KOH调pH值至5.7。

四、实验材料

农杆菌GV3101重组菌株，重组双元表达载体pCAMBIA1300与拟南芥。

五、实验步骤

（1）挑取活化的含目的基因质粒的单克隆阳性农杆菌GV3101菌株至5 mL新鲜YEB液体培养基（含50 μg/mL Kan，125 μg/mL Rif）中，28 ℃摇培24 h。

（2）取上述菌液0.1 mL接至50 mL新鲜YEB液体培养基（含50 μg/mL Kan，125 μg/mL Rif）中，28 ℃，220 r/min培养2～4 h，使吸光值达到0.8左右。

（3）取上述菌液1 mL于EP管中，室温22 ℃，5500 *g*离心15 min，弃去上清液，用转化介质重悬沉淀至吸光值达到0.8左右。

（4）将待转化的拟南芥植株平放，将花蕾部分插入2 mL EP管中，加入上述转化液，浸染5 min。轻轻甩掉浸液，做好标记。

（5）转化后的管理。在箱底洒水保湿，然后将花盆平放到箱子中，并用塑料袋罩住箱子暗培养10～12 h（过夜）后，将拟南芥放置于塑料培养池内，并浇足营养液，恢复正常培养；为了提高转化率，去除塑料袋3 d后，用吸管吸取适量重悬目的质粒的新鲜转化液，逐个蘸花蕾。

（6）转化后拟南芥的培养恢复正常管理，一周后继续按照上述步骤进行浸染，共浸染3次。

（7）转化5～6周后，为了加速拟南芥成熟可以适量少浇营养液。待拟南芥个别角果开始枯黄后，可将其角果剪下放于培养皿内干燥。拟南芥角果大部分枯黄后，即可收取全部种子存于1.5 mL的EP管中。种子完全干燥后，放于1.5 mL新EP管中4 ℃短期保存。

实验10　拟南芥T-DNA插入基因型的鉴定

一、实验原理

植物分子遗传学研究中，经常需要鉴定突变体的基因型。拟南芥作为二倍体植物，在T-DNA插入基因组的某一位点后，该位点可能有三种基因型，即野生型+/+、杂合型+/-、突变体纯合-/-。由于同源基因的功能冗余，某些基因的缺失并不能够表现出明显的表型。因此，植物分子遗传学中还常常需要进行遗传杂交以构建多重缺失突变体。无论杂交前还是杂交后，都需要对植物进行基因型的鉴定，以便开展后续的实验。

基因型鉴定的基本原理是在T-DNA的边界，一般是左边界，设计一个边界引物LB，同时在插入位点两侧的基因组DNA上各设计一个引物LP和RP（图8-3）。利用这三个引物，通过PCR的方法，区分出三种基因型。如果基因组中该位点有T-DNA的插入，那么，LB和LP或者LB和RP就可以扩增出特定大小的片段。如果该植株是纯合的插入，由于T-DNA一般很大，用LP和RP不能扩增出DNA片段；如果植株是杂合，那么就会出现两条特定大小的条带，由此将三种基因型区分开来。

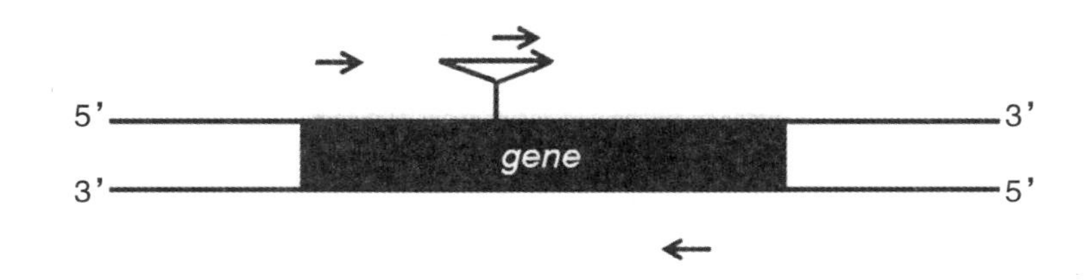

图8-3　基因型鉴定中的引物设计

二、实验目的

掌握T-DNA插入突变体的鉴定方法和原理。

三、实验仪器与试剂

1. 实验仪器

PCR仪、DNA凝胶电泳系统、凝胶成像仪。

2. 实验试剂

DNA聚合酶，DNA聚合酶缓冲液（10×），dNTP（10 mmol/L），引物LP、RP、LB，琼脂糖，DNA marker，溴化乙锭，凝胶电泳液（10×）。

四、实验材料

需要鉴定基因型的植物材料。

五、实验步骤

（1）提取待鉴定植物材料的基因组DNA，方法见“DNA快速提取”。

（2）以提取的基因组DNA为模板进行PCR，一般分为两种方法：双引物法和三引物法。如果LB和RP扩增出的片段大小与LP和RP扩增产物大小相近，在凝胶电泳时不便区分，就采用双引物法，分成两个体系进行。如果LB和RP扩增出的片段大小与LP和RP扩增产物大小相差很大，容易区分，则将三个引物加入一个PCR体系进行扩增。

（3）根据扩增产物的情况按照表8-5、表8-6、表8-7构建PCR体系。

表8-5 双引物法体系一

组分	加入量
模板DNA	约100 ng
10×DNA聚合酶缓冲液	2.0 μL
dNTP(10 mmol/L)	0.4 μL
引物LP	1.0 μL
引物RP	1.0 μL
DNA聚合酶	0.1 μL
双蒸水	补足到20.0 μL

表8-6 双引物法体系二

组分	加入量
模板DNA	约100 ng
10×DNA聚合酶缓冲液	2.0 μL
dNTP(10 mmol/L)	0.4 μL
边界引物LB	1.0 μL
引物RP	1.0 μL
DNA聚合酶	0.1 μL
双蒸水	补足到20.0 μL

表8-7 三引物法体系

组分	加入量
模板DNA	约100 ng
10×buffer	2.0 μL
dNTP(10 mmol/L)	0.4 μL
引物LP	1.0 μL
引物RP	1.0 μL
边界引物LB	1.0 μL
DNA聚合酶	0.2 μL
双蒸水	补足到20.0

（4）按照下列程序进行PCR扩增。

95 ℃，3 min

95 ℃，15 s
55 ℃，30 s　　35 cycles
72 ℃，1 Kb/min

72 ℃，5 min

16 ℃，∞

（5）电泳，1%琼脂糖凝胶电泳检测，拍照。

六、结果计算

根据电泳条带分析植物材料的基因型。

七、思考题

（1）基因组DNA作为PCR扩增的模板，是否加入的量越多越好？

（2）边界引物LB一定是与RP组对扩增生成代表T-DNA的条带吗？

（3）PCR程序中延伸时间如何确定？合适的退火温度如何确定？

（4）扩增产物中出现了非目的条带（杂带）对实验结果会造成什么影响？如何解决此问题？

实验11　用热不对称交错PCR确定T-DNA插入位点

一、实验原理

利用正向遗传学筛选获得T-DNA插入型目的突变体后，为了研究哪个基因的缺失或者改变导致了突变体的表型，需要确定该突变体中T-DNA的插入位点。T-DNA的序列是已知的，目前常用的方法有反向PCR、热不对称交错PCR、接头PCR等，这些方法都是对T-DNA序列的合理巧妙利用。本实验选择广泛使用的热不对称交错PCR（TAIL-PCR）来确定T-DNA的插入位点。

TAIL-PCR的基本原理是利用T-DNA的已知序列设计3个嵌套的特异性引物（TR1、TR2、TR3），用它们分别和1个具有低*T*m值的短的随机简并引物（arbitrary degenerate prime，AD，约14bp）相组合，以基因组DNA为模板，根据引物的长短和特异性的差异设计不对称的温度循环，通过分级反应来扩增特异引物。利用特异引物TR1和随机引物AD进行的初次PCR一般有3种产物生成：①由特异性引物和简并引物扩增出的产物；②由同一特异性引物扩增出的产物；③由同一简并引物扩增出的产物。后2种目标产物可以通过以嵌套的特异性引物（TR2，TR3）进行的后续PCR反应来消除（图8-4）。

TAIL-PCR共分3次反应。第一次反应包括5次高特异性、1次低特异性、10次较低特异性反应和12个热不对称的超级循环。5次高特异性反应，使TR1与已知的T-DNA序列退火并延伸，增加了目标序列的浓度；1次低特异性的反应使简并引物AD结合到较多的目标序列上；10次较低特异性反应使2种引物均与模板退火，随后进行12次超级循环。经上述反应得到了不同浓度的3种类型产物：特异性产物①型和非特异性产物（②型和③型）。第二次反应则将第一级反应的产物稀释1000倍作为模板，通过10次热不对称的超级循环，使特异性产物被选择地扩增，而非特异性产物含量极低。第三次反应又将第二次反应的产物稀释作为模板，再设置普通的PCR反应或热不对称超级循环，通过上述3次PCR反应可获得与已知序列邻近的目标序列。

二、实验目的

掌握热不对称交错PCR的原理和方法。

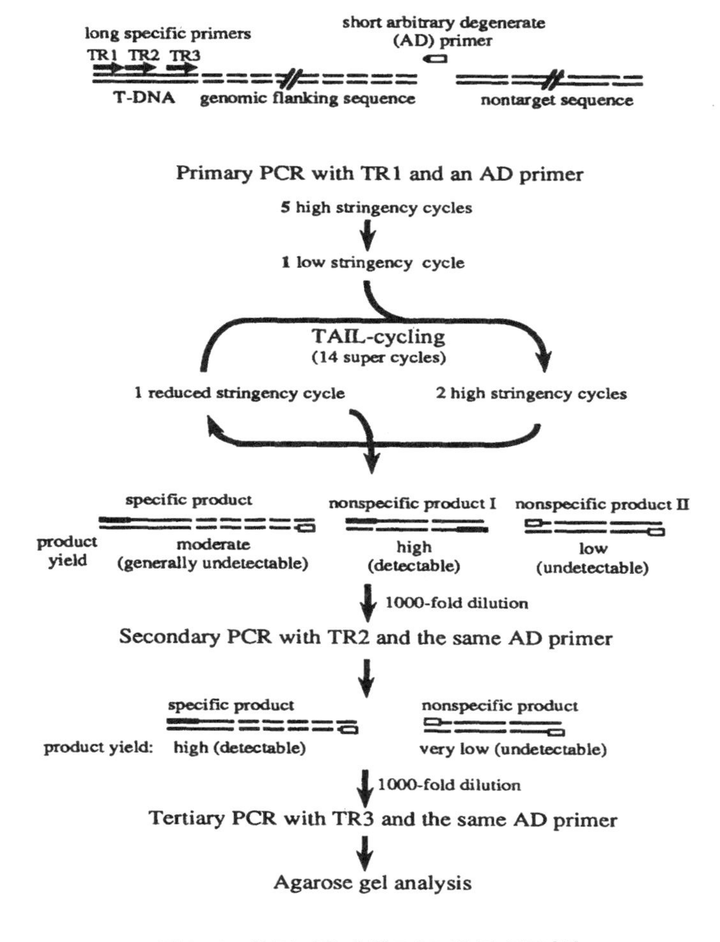

图8-4 热不对称交错PCR的原理图[15]

三、实验仪器与试剂

1. 实验仪器

PCR仪、DNA凝胶电泳系统、凝胶成像仪。

2. 实验试剂

DNA聚合酶，DNA聚合酶缓冲液（10×），dNTP（10 mmol/L），引物TR1、TR2、TR3、AD1、AD2、AD3，琼脂糖，DNA marker，溴化乙锭，凝胶电泳液（10×）。

四、实验材料

需要确定T-DNA插入位点的目的突变体。

五、实验步骤

（1）提取待鉴定植物材料的基因组DNA，方法见“DNA快速提取”。

（2）TAIL-PCR第一轮扩增，按照表8-8构建PCR体系，第一轮PCR扩增程序见表8-9。

表8-8　第一轮PCR构建体系

组分	加入量(μL)
Purified genomic DNA(5 ng/μL)	5.0
10×ExTaq buffer	2.0
dNTPs(10 mmol/L)	1.6
TR1(10 μmol/L)	0.4
AD1/AD2/AD3(20/30/40 μmol/L)	2.0
ddH_2O	8.9
Ex Taq(5U/μL)	0.1

表8-9　第一轮PCR扩增程序

循环数	程序
1	93 ℃ 1 min, 95 ℃ 1 min
5	94 ℃ 30 s, 62 ℃ 1 min, 72 ℃ 2.5 min
1	94 ℃ 30 s, 25 ℃ 3 min, ramping to 72 ℃ over 2min, 72 ℃ 2.5 min
20	94 ℃ 10 s, 68 ℃ 1 min, 72 ℃ 2.5 min 94 ℃ 10 s, 68 ℃ 1 min, 72 ℃ 2.5 min 94 ℃ 10 s, 44 ℃ 1 min, 72 ℃ 2.5 min
1	72 ℃ 5 min

（3）TAIL-PCR第二轮扩增，将第一轮PCR产物稀释50×，取2 μL做模板进行第二轮PCR。

第二轮PCR构建体系见表8-10所示，第二轮PCR扩增程序见表8-11所示。

表8-10 第二轮PCR构建体系

组分	加入量(μL)
1:50 diluted primary PCR reaction	2.0
10×ExTaq buffer	2.0
dNTPs(10 mmol/L)	1.6
BIB-TR2 or HB-IPCR4(10 μmol/L)	0.4
AD1/AD2/AD3(20/30/40 μmol/L)	2.0
Sterilized ddH_2O	11.9
ExTaq(5U/μL)	0.1

表8-11 第二轮PCR扩增程序

循环数	程序
18	94 °C 10 s,64 °C 1 min,72 °C 2.5 min 94 °C 10 s,64 °C 1 min,72 °C 2.5 min 94 °C 10 s,44 °C 1 min,72 °C 2.5 min
1	72 °C 5 min

(4) TAIL-PCR第三轮扩增，将第二轮PCR产物稀释50×，取2 μL作为模板进行第三轮PCR。

第三轮PCR构建体系见8-12所示，第三轮PCR扩增程序见表8-13所示。

表8-12 第三轮PCR体系

组分	加入量(μL)
1:50 diluted secondary PCR reaction	2.0
10×ExTaq buffer	2.0
dNTPs(10 mmol/L)	1.6
BIB-TR3 or HB-IPCR5(10 μmol/L)	0.4
AD1/AD2/AD3(20/30/40 μmol/L)	2.0
Sterilized ddH_2O	11.9
ExTaq(5U/μL)	0.1

表8-13 第三轮PCR扩增程序

循环数	程序
20	94 °C 15 s，44 °C 1 min，72 °C 2.5 min
1	72 ℃ 5 min

（5）电泳、胶回收及测序。将三轮PCR产物上样于同一块1%琼脂糖凝胶上，由于热不对称交错PCR采用了槽式PCR来增强特异性，故特异的条带大小会呈现梯度减小。回收特异条带，用TR3进行测序。

六、结果计算

将反馈的测序结果与拟南芥基因组DNA序列进行比对，找到T-DNA插入位点。在TAIR网站中，使用Blast和Seqviewer工具即可。

七、思考题

（1）在进行TAIL-PCR的过程中，有哪些细节需要注意？

（2）目的突变体的基因组DNA是否加入得越多越好？

（3）为什么要设置三组简并引物AD1、AD2、AD3？

实验12　酵母单杂交技术

一、实验原理

酵母单杂交原理是依据转录因子与DNA启动子的顺式作用元件结合，调控报告基因的表达，是用于检测转录因子与靶元件特异结合基因的有效方法。酵母单杂交通过筛选酵母文库，也常用于基因上游转录因子的筛选。其理论基础主要是依据许多真核生物的转录激活子由物理和功能上独立的DNA结合区（binding domain，BD）和转录激活区（activation domain，AD）组成，因此，可构建各种基因与AD的融合表达载体，在酵母中表达为融合蛋白时，根据报道基因的表达情况，便能筛选出与靶元件有特异结合区域的蛋白，该方法也可用于转录因子与特异靶序列结合与否的验证实验。

二、实验目的

掌握酵母单杂交的原理与方法。

三、实验仪器与试剂

1. 实验仪器

超净工作台、灭菌锅、摇床、培养箱、离心机等。

2. 实验试剂

（1）YPD培养基（海博生物）：称取YPD培养基50 g，溶解于1000 mL蒸馏水中，115 ℃高压灭菌15 min；固体培养基加入20 g琼脂粉灭菌后使用。

（2）酵母双缺培养基：称取酵母双缺培养基28 g，溶于1000 mL蒸馏水中，加入20 g的葡萄糖并调pH至5.8，再加入20 g琼脂粉后115 ℃，高压灭菌15 min后使用。

（3）One-step-buffer（新鲜配制）10 mL：10×LiAc（高温灭菌）2 mL，50% PEG3350（过滤灭菌） 8 mL，β-巯基乙醇 76.9 μL。

（4）10×BU salts：$Na_2HPO_4·7H_2O$ 70 g/L，高温灭菌；NaH_2PO_4 30 g/L，pH 7.0，高温灭菌；20%葡萄糖，高温灭菌；40%半乳糖，高温灭菌；40%棉籽糖，高温灭菌。

（5）Gal/raf plates containing X-gal：制备800 mL酵母双缺培养基，灭菌，冷却至55 ℃，接着加入100 mL 10×BU salts，4 mL 20 mg/mL X-gal，20 g/L Agar。

四、实验材料及质粒

酵母菌EGY48、pB42AD（pJG4-5）质粒、pLacZi质粒。

五、实验步骤

1. 融合载体构建

利用同源重组的方法将目标蛋白基因构建于pB42AD载体上，将目标基因启动子片段构建于pLacZi载体上，测序，提取质粒备用。

2. EGY48酵母感受态的制备及转化

（1）在YPD完全培养基上画EGY48酵母菌，28 ℃生长2～3 d；

（2）选5～10 mm的单克隆，在25 mL液体YPD上培养，28 ℃摇菌过夜；

（3）3000 r/min离心5 min，弃上清液；

（4）25 mL灭菌去离子水洗，涡旋悬浮；

（5）重复步骤2和3；

（6）再次用25 mL无菌水悬浮；

（7）取1 mL菌液到新的1.5 mL Eppendorf管；

（8）6000 r/min离心5 min；

（9）用100 μL One-step-buffer悬浮；

（10）加6 μL carrier DNA mix（first boil the carrier DNA for 10 min，迅速放在冰上）；

（11）加入0.1 μg目的DNA，混匀；

（12）45 ℃孵育30 min，每10 min涡旋一次；

（13）涂布在酵母双缺筛选培养基上，28 ℃生长2～3 d；

（14）再次挑选单克隆在酵母双缺筛选培养基上画线，28 ℃生长2 d；

（15）把生长的酵母菌完全涂抹在gal/raf plates containing X-gal，24 h内显色。

3. 实验设置

对照组：pB42AD+pLacZi，pB42AD-目标蛋白+pLacZip，pB42AD+pLacZi-目标

基因启动子序列；

实验组：pB42AD-目标蛋白+pLacZi-目标启动子序列。

六、结果计算

根据实验组和对照组的显色情况，确定目标蛋白与目标启动子序列是否有结合。

七、思考题

酵母单杂交实验的注意事项是什么?

实验13 酵母双杂交技术

一、实验原理

酵母双杂交技术是20世纪80年代中后期新兴的研究蛋白和蛋白互作的技术。酵母双杂交技术的建立主要源于对真核细胞调控转录起始过程的认识。真核转录因子的DNA结合区（BD）和转录结合区（AD）在功能上和实质上都是可分的。这两个区域单独存在时均没有转录激活功能，但当它们在空间上彼此联系时，则能够激活基因转录。将两个目的蛋白基因分别与AD和BD融合，如果这两个目的蛋白能够互相作用，则该相互作用会促使AD和BD互相靠近而产生有活性的转录因子，进而激活报告基因的表达。酵母双杂交系统的报告基因通常由一些营养选择标记（如HIS3基因的转录激活能使酵母在缺乏组氨酸的培养基上生长）或编码酶的基因（MEL1转录激活能产生a-半乳糖苷酶）组成。

二、实验目的

掌握酵母双杂交的原理与方法。

三、实验仪器与试剂

1. 实验仪器

培养箱、超净工作台、摇床、pH计、离心机等。

2. 实验试剂

（1）酵母培养基：酵母完全培养基（pH 5.8）、酵母双缺培养基（-Trp、-Leu，pH 5.8）、酵母四缺培养基（-Trp、-Leu、-His、-Ade，pH 5.8）；

（2）酵母感受态转化试剂：转化试剂购于泛基诺公司，即10× TE、10× LiAc、50% PEG、鲑精DNA；

（3）酵母显色试剂：X-α-gal。

四、实验材料及载体

酵母AH109、pGADT7质粒、pGBKT7质粒。

五、实验步骤

（1）载体构建：通过同源重组将目标蛋白基因1构建于pGADT7载体上，将目标蛋白基因2构建于pGBKT7载体上；

（2）挑取几个直径在2～3 mm的新鲜酵母克隆，接种到1 mL SD培养基中，剧烈震荡5 min以使细胞团块分散均匀；

（3）转入50 mL SD培养基中，30 ℃，250 r/min过夜培养16～18 h，使细胞生长状态达到稳定期（A_{600}>1.5）；

（4）用SD培养基稀释过夜培养物，使酵母细胞液A_{600}为0.2～0.3；

（5）30 ℃，250 r/min继续培养3 h左右，至A_{600}为0.4～0.6；

（6）将细胞转入30 mL离心管中，室温，1000 *g*离心5 min；

（7）弃上清液，用无菌超纯水重悬酵母细胞沉淀，合并于同一个离心管中；

（8）室温下，1000 *g*离心5 min，弃上清液；

（9）用1.5 mL新鲜制备的1×TE/1×LiAc重悬，即为酵母感受态细胞；

（10）将鲑精DNA沸水浴15 min，冰浴5 min；

（11）将0.1 *g*质粒DNA及0.1 g鲑精DNA加入1.5 mL离心管中充分混匀；

（12）加入0.1 mL酵母感受态细胞，振摇混匀；

（13）加入0.6 mL PEG/LiAc溶液（每1 mL PEG/LiAc中含有800 μL 50% PEG，100 μL 10×LiAc，100 μL 10×TE），反复吸打混匀；

（14）30 ℃，200 r/min培养30 min；

（15）加入70 μL DMSO，轻轻颠倒混匀；

（16）42 ℃水浴热击15 min，冰上放置1～2 min；

（17）室温下，14000 r/min离心5 s，弃上清液，用0.5 mL 1×TE重悬细胞；

（18）取100 μL重悬细胞涂布于含有合适SD培养基的平板上，用灭菌玻璃珠均匀涂布；

（19）平板于30 ℃温箱中倒置培养2～3 d；

（20）注意事项：SD培养基须121 ℃，高压灭菌15 min；

（21）酵母显色：挑取四缺板上的阳性克隆酵母菌于四缺培养基上画线，30 ℃培养2 d后挑取菌体，用无菌四缺培养液稀释，点于四缺培养基含有X-α-gal（40 μg/mL）的平板上培养，约1 d后观察平板显色情况。

六、实验结果

观察双缺、四缺培养基以及四缺培养基含有X-α-gal平板上酵母的生长及显色情况。

七、思考题

（1）简述酵母实验中无菌操作的重要性。

（2）酵母实验中需注意的关键环节及步骤有哪些？

实验14 双分子荧光互补技术（BiFC）

一、实验原理

双分子荧光互补（bimolecular fluorescence complementation，BiFC）技术是一种直观、快速地判断目标蛋白在活细胞中的定位和相互作用的新技术。该技术巧妙地将荧光蛋白分子的两个互补片段分别与目标蛋白融合表达，如果荧光蛋白活性恢复则表明两目标蛋白发生了相互作用（图8-5）。

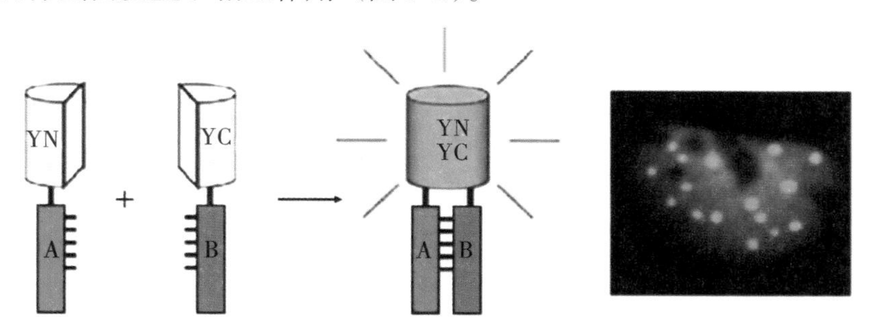

图8-5 BiFC作用模式图

二、实验目的

掌握BiFC蛋白互作技术的实验原理与方法。

三、实验仪器与试剂

1. 实验仪器

激光共聚焦显微镜、分光光度计、摇床、离心机、培养箱等。

2. 实验试剂

（1）实验所用载体：pENTR/D-TOPO，BiFC载体（pSITE BiFC CEFYP C1 CD3 1648，pSITE BiFC CEFYP C1 CD3 1649）；

（2）农杆菌浸染液：10 mmol/L MES（pH 5.7），10 mmol/L $MgCl_2$，乙酰丁香酮；

（3）农杆菌：农杆菌GV3101。

四、实验材料

本氏烟草。

五、实验步骤

1. 载体构建

（1）BP反应体系：2.5 μL体系包括PCR回收产物1 μL，pENTR质粒1 μL，BP酶0.5 μL，4 ℃过夜，转化DH5α，Kan^+抗性筛选阳性菌株，提取质粒，送测序。

（2）LR反应体系：2.5 μL体系包括pENTR质粒1 μL，Destination质粒1 μL，LR Ⅱ酶0.5 μL，4 ℃过夜，转化DH5α，根据Destination质粒抗性筛选阳性克隆（1648，1649载体为博来霉素抗性）

2. 重组质粒转化农杆菌

（1）将已制好的农杆菌感受态从-80 ℃冰箱取出，冰浴10 min；

（2）感受态融好后，加入1 μg的质粒，轻轻混匀，冰上放置30 min；

（3）液氮速冻1 min，接着37 ℃水浴5 min，最后再冰浴5 min，加入900 μL的LB液体培养基28 ℃，200 r/min振荡培养2～4 h复苏；

（4）取200 μL重悬菌液，涂布于含筛选LB固体培养基上，28 ℃倒置暗培养2 d；

（5）从转化后的平板挑取单菌落接种至2 mL YEB液体培养基上（含抗生素）；

（6）终浓度为125 μg/mL（Rif，100 μg/mL博来霉素中），28 ℃振荡过夜培养，进行菌落PCR鉴定。

3. 农杆菌浸染烟草

选择带有目的载体的菌株（GV3101）单菌落于试管中，加入20 mL LB，加入相对应抗生素，于28 ℃，200 r/min摇床培养13～16 h，3000 *g*离心10 min，去上清液，使用农杆菌浸染液重悬沉淀，重复步骤一次，再加入农杆菌浸染液将吸光值调至0.8，两种菌液等体积混匀，固定好体积后，加入乙酰丁香酮使其浓度为150 μmol/L，暗处静置2 h左右，选择合适的烟草叶片，将菌液注射到叶片中并标记好；24 ℃条件下避光处理培养1 d，第二天见光后取材；将叶片注射区域取材，做成临时装片，在荧光共聚焦显微镜下观察共转化细胞中是否有荧光信号。

六、结果计算

利用激光共聚焦显微镜观察荧光在烟草细胞中的位置，进而确定两个蛋白在细胞中的互作位置。

七、思考题

（1）BiFC实验过程中的注意事项有哪些？

（2）如何利用其他方法确认两互作蛋白在细胞中的互作部位？

实验15 Pull down技术

一、实验原理

Pull down是用于体外检测两个已知蛋白之间的相互作用，或者筛选与已知蛋白相互作用的未知蛋白。利用重组技术将探针蛋白与GST（Glutathione S transfererase）融合，融合蛋白通过GST与固化在载体上的GTH（Glutathione）亲和结合。因此，当与融合蛋白有相互作用的蛋白通过层析柱时或与此固相复合物混合时就会被吸附而分离。

二、实验目的

掌握Pull down 蛋白互作技术的实验原理与方法。

三、实验仪器与试剂

1. 实验仪器

摇床、培养箱、超净工作台、蛋白电泳系统、转膜系统。

2. 实验试剂

（1）实验所用载体及菌种：pET28a、DH5α、Rosetta。

（2）药品：NaCl、KCl、Na_2HPO_4、 KH_2PO_4、IPTG、PMSF、氨苄、Cocktaier、Glutathione Sepharose 4B、LB培养基等。

四、实验步骤

1. GST-a融合蛋白的表达

（1）将目的蛋白与GST的重组质粒转化到Rosetta菌株中；

（2）挑取单克隆到含有5 mL LB培养基（加入5 μL氨苄）的10 mL试管里，37 ℃恒温振荡培养箱中培养过夜；

（3）将培养菌液转移到含有500 mL LB（含500 μL氨苄）的1 L锥形瓶中，37 ℃，200 r/min培养数小时；

（4）测定A_{600}值，当A_{600}达到0.6左右时，加入适当浓度的IPTG，在20 ℃，200 r/min条件下培养10～16 h（通常需要进行预实验以确定最佳IPTG浓度、诱导温度和时间）；

（5）诱导适当时间后，将菌液分次倒入50 mL离心管中，4 ℃，4000 r/min离心10 min，然后弃去上清液，收集管底菌体，如暂时不用，可将菌体保存于-80 ℃冰箱中；

（6）先加入少量PBS于离心管中，离心5～10 min后弃去上清液，再按每10 mL菌液沉淀1mL PBS的量加入相应的PBS，涡旋振荡，使菌体沉淀充分溶解于PBS溶液中；

（7）把混合菌体置于冰水浴中，用超声仪进行破碎。每次超声破碎20 s，间隔30 s（破碎时间、破碎次数和间隔时间视具体情况而定），经过适当时间超声后，溶液会显得澄清；

（8）将超声后的溶液4 ℃，4000 r/min离心10 min，上清液转移至新的离心管中，-80 ℃保存备用。

2. GST-a融合蛋白的纯化

（1）在新鲜制备的裂解液上清中加入适量体积50% Glutathione Sepharose 4B，4 ℃摇床上缓慢摇动30～60 min;

（2）4 ℃，4000 r/min离心5 min，弃去上清液，该Sepharose上结合了GST-a融合蛋白；

（3）加入200 μL预冷的PBS溶液，轻晃悬浮珠子，将Sepharose洗涤一次，4 ℃，4000 r/min离心5 min，弃去上清液，重复此步骤3次；

（4）用移液枪吸走珠子表面的液体，但注意不要吸走珠子，即可获得结合GST-a的Sepharose。

3. b蛋白的制备

b蛋白可融合His标签进行原核表达，也可融合Flag/HA/Myc等标签进行真核表达。

4. 体外蛋白的结合

（1）将结合有GST-a融合蛋白的Sepharose 4B悬浮在适量体积的缓冲液中，加入20 μL含有b蛋白的溶液，同时采用结合有GST蛋白的Sepharose作为阴性对照，在摇床上晃动4～8 h（4 ℃）；

（2）4 ℃，4000 r/min离心5 min，弃去上清液；

（3）沿壁加入200 μL预冷的缓冲液对Sepharose进行洗涤；

（4）4 ℃，4000 r/min离心5 min，弃上清液，该步骤重复3次；

（5）吸干Sepharose上面的液体后，加入20 μL 1×蛋白电泳上样缓冲液，沸水浴5 min，放入-20 ℃冰箱备用；

（6）通过SDS-PAGE和Western blot进行检测。

五、思考题

（1）Pull down实验过程的注意事项有哪些?

（2）Pull down实验验证蛋白互作的优缺点有哪些?

附　录

1. 常用缓冲溶液的配制

一、柠檬酸–柠檬酸钠缓冲液（0.1 mol/L）

pH	0.1 mol/L 柠檬酸(mL)	0.1 mol/L 柠檬酸钠(mL)	pH	0.1 mol/L 柠檬酸(mL)	0.1 mol/L 柠檬酸钠(mL)
3.0	18.6	1.4	5.0	8.2	11.8
3.2	17.2	2.8	5.2	7.3	12.7
3.4	16.0	4.0	5.4	6.4	13.6
3.6	14.9	5.1	5.6	5.5	14.5
3.8	14.0	6.0	5.8	4.7	15.3
4.0	13.1	6.9	6.0	3.8	16.2
4.2	12.3	7.7	6.2	2.8	17.2
4.4	11.4	8.6	6.4	2.0	18.0
4.6	10.3	9.7	6.6	1.4	18.6
4.8	9.2	10.8			

柠檬酸（$C_6H_8O_7 \cdot H_2O$）相对分子质量=210.14，0.1 mol/L溶液为21.01 g/L。

柠檬酸钠（$Na_3C_6H_5O_7 \cdot 2H_2O$）相对分子质量=294.12，0.1 mol/L溶液为29.41 g/L。

二、醋酸–醋酸钠缓冲液（0.2 mol/L）

pH	0.2 mol/L NaAC(mL)	0.2 mol/L HAC(mL)	pH	0.2 mol/L NaAC(mL)	0.2 mol/L HAC(mL)
3.6	0.75	9.25	4.8	5.90	4.10
3.8	1.20	8.80	5.0	7.00	3.00
4.0	1.80	8.20	5.2	7.90	2.10
4.2	2.65	7.35	5.4	8.60	1.40
4.4	3.70	6.30	5.6	9.10	0.90
4.6	4.90	5.10	5.8	9.40	0.60

$NaAC \cdot 3H_2O$相对分子质量＝136.09，0.2 mol/L溶液为27.22 g/L。

三、磷酸氢二钠–柠檬酸缓冲液

pH	0.2 mol/L Na_2HPO_4(mL)	0.1 mol/L 柠檬酸(mL)	pH	0.2 mol/L Na_2HPO_4(mL)	0.1 mol/L 柠檬酸(mL)
2.2	0.40	19.60	5.2	10.72	9.28
2.4	1.24	18.76	5.4	11.15	8.85
2.6	2.18	17.82	5.6	11.60	8.40
2.8	3.17	16.83	5.8	12.09	7.91
3.0	4.11	15.89	6.0	12.63	7.37
3.2	4.94	15.04	6.2	13.22	6.78
3.4	5.70	14.30	6.4	13.85	6.15
3.6	6.44	13.56	6.6	14.55	5.45
3.8	7.10	12.90	6.8	15.45	4.55
4.0	7.71	12.29	7.0	16.47	3.53
4.2	8.28	11.72	7.2	17.39	2.61
4.4	8.82	11.18	7.4	18.17	1.83
4.6	9.35	10.65	7.6	18.73	1.27
4.8	9.86	10.14	7.8	19.15	0.85
5.0	10.30	9.70	8.0	19.45	0.55

Na_2HPO_4相对分子质量＝141.98，0.2 mol/L溶液为28.40 g/L。

$Na_2HPO_4 \cdot 2H_2O$相对分子质量＝178.05，0.2 mol/L溶液为35.61 g/L。

$C_6H_8O_7 \cdot H_2O$相对分子质量＝210.14，0.1 mol/L溶液为21.01 g/L。

四、磷酸盐缓冲液

1. 磷酸氢二钠–磷酸二氢钠缓冲液（0.2 mol/L）

pH	0.2 mol/L Na_2HPO_4(mL)	0.2 mol/L NaH_2PO_4(mL)	pH	0.2 mol/L Na_2HPO_4(mL)	0.2 mol/L NaH_2PO_4(mL)
5.7	6.5	93.5	6.9	55.0	45.0
5.8	8.0	92.0	7.0	61.0	39.0
5.9	10.0	90.0	7.1	67.0	33.0
6.0	12.3	87.8	7.2	72.0	28.0
6.1	15.0	85.0	7.3	77.0	23.0
6.2	18.5	81.5	7.4	81.0	19.0
6.3	22.5	77.5	7.5	84.0	16.0
6.4	26.5	73.5	7.6	87.0	13.0
6.5	31.5	68.5	7.7	89.5	10.5
6.6	37.5	62.5	7.8	91.5	8.5
6.7	43.5	56.5	7.9	93.0	7.0
6.8	49.0	51.0	8.0	94.7	5.3

$Na_2HPO_4 \cdot 2H_2O$ 相对分子质量＝178.05，0.2 mol/L溶液为35.61 g/L。

$Na_2HPO_4 \cdot 12H_2O$ 相对分子质量＝358.22，0.2 mol/L溶液为71.64 g/L。

$NaH_2PO_4 \cdot H_2O$ 相对分子质量＝138.01，0.2 mol/L溶液为27.6 g/L。

$NaH_2PO_4 \cdot 2H_2O$ 相对分子质量＝156.03，0.2 mol/L溶液为31.21 g/L。

2. 磷酸氢二钠–磷酸二氢钾缓冲液（1/15 mol/L）

pH	1/15 mol/L Na_2HPO_4(mL)	1/15 mol/L KH_2PO_4(mL)	pH	1/15 mol/L Na_2HPO_4(mL)	1/15 mol/L KH_2PO_4(mL)
4.92	0.10	9.90	7.17	7.00	3.00
5.29	0.50	9.50	7.38	8.00	2.00
5.91	1.00	9.00	7.73	9.00	1.00
6.24	2.00	8.00	8.04	9.50	0.50
6.47	3.00	7.00	8.34	9.75	0.25
6.64	4.00	6.00	8.67	9.90	0.10
6.81	5.00	5.00	8.18	10.0	0
6.98	6.00	4.00			

$Na_2HPO_4 \cdot 2H_2O$ 相对分子质量＝178.05，1/15 mol/L溶液为11.876 g/L。

KH_2PO_4相对分子质量＝136.09，1/15 mol/L溶液为9.078 g/L。

五、Tris–盐酸缓冲液（25℃）

50 mL 0.1 mol/L三羟甲基氨基甲烷（Tris）溶液与X mL 0.1 mol/L盐酸混匀后，加水稀释至100 mL。

pH	X(mL)	pH	X(mL)
7.10	45.7	8.10	26.2
7.20	44.7	8.20	22.9
7.30	43.4	8.30	19.9
7.40	42.0	8.40	17.2
7.50	40.3	8.50	14.7
7.60	38.5	8.60	12.4
7.70	36.6	8.70	10.3
7.80	34.5	8.80	8.5
7.90	32.0	8.90	7.0
8.00	29.2		

三羟甲基氨基甲烷（Tris）相对分子质量＝121.14，0.1 mol/L溶液为12.114 g/L。

Tris溶液可从空气中吸收二氧化碳，使用时注意将瓶盖严。

六、硼酸–硼砂缓冲溶液

pH	0.05 mol/L 硼砂(mL)	0.2 mol/L 硼酸(mL)	pH	0.05 mol/L 硼砂(mL)	0.2 mol/L 硼酸(mL)
7.4	1.0	9.0	8.2	3.5	6.5
7.6	1.5	8.5	8.4	4.5	4.5
7.8	2.0	8.0	8.7	6.0	4.0
8.0	3.0	7.0	9.0	8.0	2.0

$Na_2B_4O_7 \cdot 10H_2O$相对分子质量＝381.43，0.05 mol/L溶液为19.07 g/L。

H_3BO_3相对分子质量＝61.84，0.2 mol/L溶液为12.37 g/L。

硼砂易失去结晶水，必须在带塞的瓶子中保存。

七、磷酸氢二钾-磷酸二氢钾缓冲液

pH	0.1 mol/L K_2HPO_4(mL)	0.1 mol/L KH_2PO_4(mL)	pH	0.1 mol/L K_2HPO_4(mL)	0.1 mol/L KH_2PO_4(mL)
5.8	8.5	91.5	7.0	61.5	38.5
6.0	13.2	86.8	7.2	71.7	28.3
6.2	19.2	80.8	7.4	80.2	19.8
6.4	27.8	72.2	7.6	86.6	13.4
6.6	38.1	61.9	7.8	90.8	9.20
6.8	49.7	50.3	8.0	94.0	6.00

$K_2HPO_4 \cdot 3H_2O$相对分子质量＝228.22，0.1 mol/L溶液为22.82 g/L。

KH_2PO_4相对分子质量＝136.09，0.1 mol/L溶液为13.61 g/L。

TE缓冲溶液：10 mmol/L Tris-HCl + 1 mmol/L EDTA（292 mg/L）。

TAE（Tris-醋酸-EDTA）电泳缓冲溶液（50×）：242 g Tris，57.1 mL冰醋酸，37.2 g Na_2-EDTA·$2H_2O$，用去离子水溶解，定容至1000 mL，pH8.0，用时稀释50倍。

PBS缓冲液：NaCl 8 g，KCl 0.2 g，KH_2PO_4 0.2 g，Na_2HPO_4 1.15 g，定容至1000 mL，pH4.7。

2. 常用酸碱指示剂的配制

1. 酚酞指示剂

取酚酞1.0 g，加95%乙醇100 mL溶解，即得。变色范围为pH 8.3～10.0（无色—红色）。

2. 淀粉指示液

取可溶性淀粉0.5 g，加水5 mL搅匀后，缓缓倾入100 mL沸水中，随加随搅拌，继续煮沸2 min，放冷，取上清液即得（本液应临用前配制）。

3. 碘化钾淀粉指示液

取碘化钾0.2 g，加新制的淀粉指示液100 mL，使溶解，即得。

4. 甲基红指示液

取甲基红0.1 g，加氢氧化钠液（0.05 mol/L）7.4 mL使溶解，再加水稀释至200 mL，即得。变色范围为pH 4.2～6.3（红色—黄色）。

5. 甲基橙指示液

取甲基橙0.1 g，加水100 mL使溶解，即得。变色范围为pH 3.2～4.4（红色—黄色）。

6. 中性红指示液

取中性红0.5 g，加水使溶解成100 mL，过滤，即得。变色范围为pH 6.8～8.0（红色—黄色）。

7. 孔雀绿指示液

取孔雀绿0.3 g，加冰醋酸100 mL使溶解，即得。变色范围为pH 0.0～2.0（黄色—绿色），pH 11.0～13.5（绿色—无色）。

8. 对硝基酚指示液

取对硝基酚0.25 g，加水100 mL使溶解，即得。

9. 刚果红指示液

取刚果红0.5 g，加10%乙醇100 mL使溶解，即得。变色范围为pH 3.0～5.0（蓝色—红色）。

10. 结晶紫指示液

取结晶紫0.5 g，加冰醋酸100 mL使溶解，即得。

3. 基本常数

类别	换算
气体常数	R=8.314 4 J/(mol·K) =0.0831 44 L·bar/(mol·K) =0.082 057 L·atm/(mol·K) =8 314.41 L·Pa/(mol·K)
标准大气压	P=1.013 25 bar=101 325 Pa
理想气体的摩尔体积（在标准温度气压下）	V_m=22.413 83 L/mol

4. 常用酸碱试剂配制及其相对密度、浓度

名称	化学式	相对密度（20 ℃）	质量分数	质量浓度（g/mL）	物质的量浓度（mol/L）	配制方法
浓盐酸	HCl	1.19	38	44.30	12	浓盐酸234 mL加水至1000 mL
稀盐酸	HCl			10	2.8	
浓硫酸	H_2SO_4	1.84	96%～98%	175.9	18	浓硫酸57 mL缓缓倾入约800 mL水中，并加水至1000 mL
稀硫酸	H_2SO_4			10	1	
浓硝酸	HNO_3	1.42	70%～71%	99.12	16	浓硝酸105 mL缓缓倾入约800 mL水中，并加水至1000 mL
稀硝酸	HNO_3			10	1.6	
冰醋酸	CH_3COOH	1.05	99.5%	104.48	17	冰醋酸60 mL加水稀释至1000 mL
稀醋酸	CH_3COOH			6.01	1	
高氯酸	$HClO_4$	1.75	70%～71%		12	浓氨液400 mL加水稀释至1000 mL
浓氨溶液	$NH_3 \cdot H_2O$	0.90	（25%～27%）NH_3	（22.5%～24.3%）NH_3	15	
氨试液（稀氢氧化氨液）		0.96	10%NH_3	9.6%NH_3	6	

5. 常用有机溶剂及其主要性质

名称	化学式	相对分子质量	熔点(℃)	沸点(℃)	溶解性	性质
甲醇	CH_3OH	32.04	-97.8	64.7	溶于水、乙醇、乙醚、苯等	无色透明液体，易被氧化成甲醛。其蒸汽能与空气形成爆炸性的混合物。有毒，误饮后能使眼睛失明。易燃，燃烧时生成蓝色火焰
乙醇	C_2H_5OH	46.07	-114.10	78.5	能与水、苯、醚等许多有机溶剂相混溶。与水混溶后体积缩小，并释放热量	无色透明液体，有刺激性气味，易挥发，易燃。为弱极性的有机溶剂
丙醇	C_3H_7OH	60.09	-127.0	97.20	与水、乙醇、乙醚等混溶	无色液体，对眼睛有刺激作用。有毒，易燃
丙三醇（甘油）	$C_3H_8O_3$	92.09	20	180	易溶于水，在乙醇等中溶解度较小，不溶解于乙醚、苯和氯仿	无色有甜味的黏稠液体。具有吸湿性，但含水到20%就不再吸水
丙酮	C_3H_6O	58.08	-94.0	56.5	与水、乙醇、氯仿、乙醚及多种油类混溶	无色透明易挥发的液体，能溶解多种有机物，是常用的有机溶剂。易燃
乙醚	$C_4H_{10}O$	74.12	-116.3	34.6	微溶于水，易溶于浓盐酸，与醇、苯、氯仿、石油醚及脂肪溶剂混溶	无色透明易挥发的液体，其蒸汽与空气混合极易爆炸。有麻醉性。易燃，避光置阴凉处密封保存。在光下易形成爆炸性过氧化物
乙酸乙酯	$C_4H_9O_2$	88.1	-83.0	77.0	能与水、乙醇、乙醚、丙酮及氯仿等混溶	无色透明易挥发的液体。易燃。有果香味

续表

名称	化学式	相对分子质量	熔点(℃)	沸点(℃)	溶解性	性质
苯	C_6H_6	78.11	5.5(固)	80.1	微溶于水和醇,能与乙醚、氯仿及油等混溶	白色结晶粉末,溶液呈酸性。有毒性,对造血系统有损害。易燃
甲苯	C_7H_8	92.12	−95	110.6	不溶于水,能与多种有机溶剂混溶	无色透明有特殊芳香味的液体,易燃,有毒
二甲苯	C_8H_{10}	106.16	−47.9～−25.2	137～140	不溶于水,与无水乙醇、乙醚、三氯甲烷等混溶	无色透明液体,易燃,有毒。高浓度有麻醉作用
苯酚	C_6H_5OH	94.11	42	182.0	溶于热水,易溶于乙醇等有机溶剂。不溶于冷水和石油醚	无色结晶,见光或露置空气中变为淡红色。有刺激性和腐蚀性。有毒
氯仿	$CHCl_3$	119.39	−63.5	61.2	微溶于水,能与醇、醚、苯等有机溶剂混溶	无色透明有香甜味的液体,易挥发,不易燃烧。在光和空气中的氧气的作用下产生光气。有麻醉作用
四氯化碳	CCl_4	153.84	−23(固)	76.7	不溶于水,能与乙醇、苯、氯仿等混溶	无色透明不燃烧的液体。可用于灭火。有毒
二硫化碳	CS_2	76.14	−111.6	46.5	难溶于水,能与乙醇等有机溶混溶	无色透明的液体,有毒,有恶臭,极易燃
石油醚				30～70	不溶于水,能与多种有机溶剂混溶	低沸点的碳氢化合物的混合物。有挥发性,极易燃,和空气的混合物有爆炸性

续表

名称	化学式	相对分子质量	熔点(℃)	沸点(℃)	溶解性	性质
甲醛	CH_2O	30.03	-92	-21	能与水和乙醇等任意混合。30%～40%的甲醛水溶液称为福尔马林，并含有5%～15%的甲醇	无色透明液体，遇冷聚合变混，形成多聚甲醛的白色沉淀。在空气中能逐渐被氧化成甲酸。避光，密封15℃以上保存。有毒
乙醛	CH_3CHO	44.05		20.8	能与水和乙醇任意混合	无色透明液体，久置聚合并发生浑浊或沉淀。易挥发。乙醛气体和空气混合后易引起爆炸
二甲亚砜	CH_3SOCH_3	78.14	18.5	189	能与水、醇、醚、丙酮、乙醛、吡啶、乙酸乙酯等混溶，不溶于乙炔以外的芳烃化合物	有刺激性气味的无色黏稠液体，有吸湿性。常用作冷冻时的保护剂。为非质子化的极性溶剂，能溶解二氧化硫、二氧化氮、氯化钙、硝酸钠等无机盐
乙二胺四乙酸	$C_{10}H_{16}N_2O_8$	292.25	240		溶于氢氧化钠、碳酸钠和氨溶液，不溶于冷水、醇和一般有机溶剂	白色结晶粉末，能与碱金属、稀土元素、过渡元素等形成及稳定的水溶性络合物，常用作络合试剂
吐温80					能与水及多种有机溶剂相混溶，不溶于矿物油和植物油	浅粉红色油状液体。有脂肪味

6. 常见植物生长调节物质及其主要性质

名称	化学式	相对分子质量	溶解性质
吲哚乙酸(IAA)	$C_{10}H_9O_2N$	175.19	溶于醇、醚、丙酮,在碱性溶液中较稳定,遇热酸后失去活性
吲哚丁酸(IBA)	$C_{12}H_{13}O_3N$	203.24	溶于醇、醚、丙酮,不溶于水、氯仿
α-萘乙酸(NAA)	$C_{12}H_{10}O_2$	186.20	易溶于热水,微溶于冷水,溶于丙酮、醚、乙酸、苯
2,4-二氯苯氧乙酸(2,4-D)	$C_8H_6C1_2O_3$	221.04	难溶于水,溶于醇、丙酮、乙醚等有机溶剂
赤霉素(GA_3)	$C_{19}H_{22}O_6$	346.4	难溶于水,不溶于石油醚、苯、氯仿而溶于醇类、丙酮、冰醋酸
4-碘苯氧乙酸(增产灵)(PIPA)	$C_8H_7O_3I$	278	微溶于冷水,易溶于热水、乙醇、氯仿、乙醚、苯
对氯苯氧乙酸(防落素)(PCPA)	$C_8H_7O_3Cl$	186.5	溶于乙醇、丙酮和醋酸等有机溶剂和热水
激动素(KT)	$C_{10}H_9N_5O$	215.21	易溶于稀盐酸、稀氢氧化钠,微溶于冷水、乙醇、甲醇
6-苄基腺嘌呤(BA)	$C_{12}H_{11}N_5$	225.25	溶于稀碱稀酸,不溶于乙醇
脱落酸(ABA)	$C_{15}H_{20}O_4$	264.3	溶于碱性溶液如$NaHCO_3$、三氯甲烷、丙酮、乙醇
2-氯乙基膦酸(乙烯利)	$C_2H_6ClO_3P$	144.5	易溶于水、乙醇、乙醚
2,3,5-三碘苯甲酸(TIBA)	$C_7H_3O_2I_3$	500.92	微溶于水,可溶于热苯、乙醇、丙酮、乙醚
青鲜素(MH)	$C_4H_4O_2N_2$	112.09	难溶于水,微溶于醇,易溶于冰醋酸、二乙醇胺
缩节胺(助壮素)(Pix)	$C_7H_{16}NCl$	149.5	可溶于水
矮壮素(CCC)	$C_5H_{13}NCl_{12}$	158.07	易溶于水,溶于乙醇、丙酮,不溶于苯、二甲苯、乙醚
B_9	$C_6H_{12}N_2O_3$	160.0	易溶于水、甲醇、丙酮,不溶于二甲苯
多效唑(PP_{333})	$C_{15}H_2OClN_3O$	293.5	易溶于水、甲醇、丙酮
三十烷醇(TAL)	$CH_3(CH_2)_{28}CH_2OH$	438.38	不溶于水,难溶于冷甲醇、乙醇,可溶于热苯、丙酮、乙醇、氯仿
油菜素内酯(BR)	$C_{28}H_{48}O_6$	480	溶于甲醇、乙醇等

7. 植物组织培养常用培养基的成分

培养基成分	MS (mg/L)	B5 (mg/L)	N6 (mg/L)	SH (mg/L)	NN (mg/L)	White (mg/L)
$(NH_4)_2SO_4$		134	463			
NH_4NO_3	1650				720	
KNO_3	1900	2500	2830	2500	950	80
$Ca(NO_3)_2 \cdot 4H_2O$						200
$CaCl_2 \cdot 2H_2O$	440	150	166	200	166	
$MgSO_4 \cdot 7H_2O$	370	250	185	400	185	720
KH_2PO_4	170		400		68	
$NaH_2PO_4 \cdot H_2O$		150				17
$NH_4H_2PO_4$				300		
Na_2SO_4						200
Na_2-EDTA	37.3	37.3	37.3	15	37.3	
Fe-EDTA						
$Fe_2(SO_4)_3$						2.5
$FeSO_4 \cdot 7H_2O$	27.8	27.8	27.8	20	27.8	
$MnSO_4 \cdot H_2O$				10		
$MnSO_4 \cdot 4H_2O$	22.3	10	4.4		25	5.0
$ZnSO_4 \cdot 7H_2O$	8.6	2.0	3.8	1.0	10	3.0
H_3BO_3	6.2	3.0	1.6	5.0	10	1.5
KI	0.83	0.75	0.8	1.0		0.75
$Na_2MoO_4 \cdot 2H_2O$	0.25	0.25		0.1	0.25	
MoO_3						0.001
$CuSO_4 \cdot 5H_2O$	0.025	0.25		0.2	0.025	
$CoCl_2 \cdot 6H_2O$	0.025	0.025		0.1		
盐酸硫胺素（维生素B_1）	0.1	10	1.0	5.0	0.5	0.1
烟酸	0.5	1.0	0.5	5.0	5.0	0.3
盐酸吡哆醇（维生素B_6）	0.5	1.0	0.5	5.0	0.5	0.1
肌醇	100	100		1000	100	
叶酸					0.5	
生物素（维生素H）					0.05	
甘氨酸	2.0		2.0		2.0	3.0
蔗糖	30 000	20 000	50 000	30 000	20 000	20 000
琼脂（g）	10	10	10		8	10
pH	5.8	5.5	5.8	5.8	5.5	5.6

注：（1）MS为高盐成分培养基，其中硝酸盐、铵盐、钾盐含量均较高，微量元素种类齐全，养分

均衡，在组织培养中应用最广。B5和N6培养基含较高的硝酸盐、较低的铵盐，其中B5含较高的盐酸硫胺素，适合培养葡萄、豆科植物及十字花科植物；N6培养基适用于单子叶植物和柑橘类植物的花药培养。SH培养基矿物盐含量较高，而NN培养基中大量元素为MS培养基的一半，维生素种类增加，适于花药培养。White培养基也是低盐培养基，多用于生根培养。

（2）本表所列为基本培养基，不包含植物激素及生长调节物质。这些物质的加入需根据培养目的而定，可参考有关书籍或通过实验确定。

参考文献

[1] TAIZ L, ZEIGER E. Plant Physiology[M]. 5th ed. Sunderland: Sinauer Associates Inc, 2010: 167.

[2] PODGÓRSKA A, OSTASZEWSKA-BUGAJSKA M, BORYSIUK K, et al. Suppression of external NADPH dehydrogenase—NDB1 in *Arabidopsis thaliana* confers improved tolerance to ammonium toxicity via efficient glutathione/redox metabolism[J]. International Journal of Molecular Sciences, 2018, 19(5): 1412.

[3] GEISLER D A, BROSELID C, HEDERSTEDT L, et al. Ca^{2+}-binding and Ca^{2+}-independent respiratory NADH and NADPH dehydrogenases of *Arabidopsis thaliana* [J]. Journal of Biological Chemistry, 2007, 282(39): 28455-28464.

[4] RASMUSSON A G, GEISLER D A, MØLLLER I M. The multiplicity of dehydrogenases in the electron transport chain of plant mitochondria[J]. Mitochondrion, 2008, 8(1): 47-60.

[5] SWEETMAN C, WATERMAN C D, RAINBIRD B M, et al. AtNDB2 is the main external NADH dehydrogenase in mitochondria and is important for tolerance to environmental stress[J]. Plant Physiology, 2019, 181(2): 774-788.

[6] VERCESI A E, BORECKÝ J, MAIA I G, et al. Plant uncoupling mitochondrial proteins[J]. Annual Review of Plant Biology, 2006, 57(1): 383-404.

[7] RICQUIER D, KADER J C. Mitochondrial protein alteration in active brown fat: a sodium dodecyl sulfate-polyacrylamide gel electrophoretic study[J]. Biochemical and Biophysical Research Communications, 1976, 73(3): 577-583.

[8] VERCESI A, MARTINS L, SILVA M A, et al. Pumping plants[J]. Nature, 1995, 375(6526): 24.

[9] BORECKÝ J, MAIA I G, ARRUDA P. Mitochondrial uncoupling proteins in mammals and plants[J]. Bioscience Reports, 2001, 21(2): 201-212.

[10] TIAN W N, BRAUNSTEIN L D, PANG J, et al. Importance of glucose-6-phos-

phate dehydrogenase activity for cell growth[J]. Journal of Biological Chemistry, 1998, 273: 10609–10617.

[11] NAKASHIMA K, FUJITA Y, KANAMORI N, et al. Three Arabidopsis SnRK2 protein kinases, SRK2D/SnRK2.2, SRK2E/SnRK2.6/OST1 and SRK2I/SnRK2.3, involved in ABA signaling are essential for the control of seed development and dormancy[J]. Plant and Cell Physiology, 2009, 50: 1345–1363.

[12] LEIVAR P, QUAIL P H. PIFs: pivotal components in a cellular signaling hub [J]. Trends in Plant Science, 2011, 16: 19–28.

[13] ZHANG Y, MAYBA O, PFEIFFER A, et al. A quartet of PIF bHLH factors provides a transcriptionally centered signaling hub that regulates seedling morphogenesis through differential expression–patterning of shared target genes in Arabidopsis[J]. Plos Genetics, 2013, 9: e1003244.

[14] ZHANG Y Q, LIU Z J, WANG L G, et al. Sucrose–induced hypocotyl elongation of Arabidopsis seedlings in darkness depends on the presence of gibberellins[J]. Journal of Plant Physiology, 2010, 167: 1130–1136.

[15] LIU Y G, MITSUKAWA N, OOSUMI T, et al. Efficient isolation and mapping of Arabidopsis thaliana T–DNA insert junctions by thermal asymmetric interlaced PCR[J]. The Plant Journal, 1995, 8:457–463.